金盘地产传媒有限公司 策划
广州市唐艺文化传播有限公司 编著

欧洲古典建筑元素

1

从古罗马宫殿到现代民居

欧洲古典时期　中世纪时期　文艺复兴时期

中国林业出版社
China Forestry Publishing House

图书在版编目（CIP）数据

欧洲古典建筑元素 ： 从古罗马宫殿到现代民居．1 /
广州市唐艺文化传播有限公司编著．-- 北京 ： 中国林业
出版社，2017.11
ISBN 978-7-5038-9361-2

Ⅰ．①欧… Ⅱ．①广… Ⅲ．①古建筑－建筑艺术－欧
洲 Ⅳ．①TU-881.5

中国版本图书馆 CIP 数据核字（2017）第 280369 号

欧洲古典建筑元素：从古罗马宫殿到现代民居.1

编　　著：广州市唐艺文化传播有限公司
策划编辑：高雪梅
文字编辑：高雪梅
装帧设计：刘小川　陶　君

中国林业出版社·建筑分社
责任编辑：纪　亮　王思源

出版发行：中国林业出版社
出版社地址：北京西城区德内大街刘海胡同7号，邮编：100009
出版社网址：http://lycb.forestry.gov.cn/
经　　销：全国新华书店
印　　刷：深圳市雅仕达印务有限公司
开　　本：1016mm×1320mm 1/16
印　　张：26.5
版　　次：2018年3月第1版
印　　次：2018年3月第1版
标准书号：ISBN 978-7-5038-9361-2
定　　价：429.00元

序

建筑随人类在天地间起源、生存与发展，从低级到高级，从原始的洞穴、巢居、古典建筑到今日的现代建筑。21世纪的人们对建筑美的追求越来越高，建筑审美观念也趋于多样化。

艺术中的美是有规律的，城市与建筑的美更是如此，从毕达哥拉斯和维特鲁威以来，人们一直在探寻着这个规律。帕拉第奥指出："美得之于形式，亦得之于统一"。科隆（Francesco Colona）认为，建筑应成为整体世界和谐的一部分，并服从于整体世界。而视觉和谐，是影响几个世纪的传统的文艺复兴理论。欧洲古典建筑在建筑美学的历史发展长河中，作为世界最重要的建筑体系之一雄霸建筑领域几千年，至今影响巨大，从《欧洲古典建筑细部集成》一书，我们可以深深领略这种和谐之美。

欧洲古典建筑发源于古希腊，完善于古罗马，历史上称之为欧洲的古典文化。古希腊的雅典卫城演绎着古典建筑柱式的和谐比例、建筑的完整统一，罗马的五柱式把希腊柱式发扬光大。中世纪的宗教建筑拱顶、穹顶结构丰富了古罗马的空间形式，同时巴西利卡和集中形制把古罗马的平面固定成经典。17世纪文艺复兴建筑汇聚了为市民服务的市政厅、议会大厦、广场、别墅等世俗建筑的欧洲古典建筑精品范例。18世纪后建筑美学领地审美主体多元化，各种建筑风格、流派纷至沓来：古典复兴主义、浪漫主义与折衷主义，其艺术形式在欧洲和各国有极大影响。

总体来看，大多欧洲城市经历了几个世纪数代人的建设，但整个城市建筑组合默契、细部完美，同时，整体有着丰富变化的空间和景致，留至今日的是完整与和谐，成为世界城市设计和景观科学中的典范，这其中蕴藏着深奥的美学原则，笔者认为可概括为：视觉要素微差原则和关系要素同一原则。

视觉要素（形体、色彩、肌理）和关系要素（量、相、比）方面的配合，是城市空间设计中的主要构成元素。视觉要素微差原则指在建筑群体中的各个单体建筑在形体处理手法、色彩调配及肌理选择方面可存在一定差异，同时，应将这种差异控制在有限范围内，以保证整体的视觉同一性。

关系要素同一原则指建筑群体中单体建筑的诸关系要素应全面遵循共同的设计目标和方法。关系要要素的"量"指面积、尺度、体量、间隔等，"相"指三维空间中的相位比较，包括位置、方向、层次、重心、主从、韵律、对位等，"比"指分隔、比例、对比、对称等方面。

社会的发展和科技的进步促使建筑的结构和内部功能的发展，建筑形式亦随之不断变化。例如石材的选用和拱券技术都对建筑形态产生了较大的影响，现代科技革命和新材料的应用更使之产生革命性的变革。如果在同一城市空间中，各个建筑仅从自身结构和使用的合理性出发，势必造成城市景观无法控制的混乱局面，因此，在城市设计中必须寻求独立于物质条件之外的审美信念，关系要素概念的引入有助于寻求这种统一。

群体建筑组合需遵循关系要素同一原则，具体包括：立面垂直分隔比例的一致性，虚实面积比例的一致性，水平线面分割的连续性，建筑物主要立面的向心性，建筑物主从关系的明确性等方面，这些体现在许多欧洲古典的建筑之中。

现代科学技术的发展，为建筑形态设计提供了无比的可能性，同时也造成无比的混乱性。混凝土、钢材、玻璃的大规模应用使建筑物的外部形象和内部空间得以解放，可又失去了在传统的砖石建筑群中所特有的和谐一致性，人们往往感叹传统城市空间中许多美好的东西在钢筋混凝土的丛林里荡然无存了。因此，当代建筑师、规划师们开始重新认识现代城市空间中的建筑形态问题。

时空的矛盾一直存在于城市的发展过程中。后续建筑与原有建筑并存是城市的必然现象。两千多年来，欧洲前辈建筑师秉承了历史留下来的文化传统和优良的整体意识。以意大利为例，早在1933年，国际现代建协在雅典开会通过《雅典宪章》时，意大利的建筑师就提出城市历史遗产的保护问题，但没有得到应有的重视。意大利人民有着尊重历史、珍惜文物的传统光荣。他们将祖先留下来的城镇和建筑视为瑰宝，将保护历史的空间环境与建筑视为国策。人们形容意大利的城市是用大理石、地中海松和雕塑喷泉组成的精美画卷。在这些城市中，到处都是教育民众、熏陶文化的场所，到处都显现着城市文化的固有魅力和深刻的内涵。它们体现了这个民族所特有的文化素养和对本民族文化的与生具来的自信心和透彻的理解。这也许是许多在"主义"与"风格"大洋中浮荡的中国建筑师所缺少的"定海神针"。

发展是城市建设的主题，完全回归传统，照搬模拟古老的建筑形态是因噎废食的做法。从欧洲许多的城市发展来看，历史性的空间环境和建筑形态及其不断的发展与现代化的市民生活保持着融洽协和的关系。我国是具有五千年文明历史的古国，虽然在传统人文美学思想和传统建筑体系方面与欧洲有着较大的差异，但各成体系，不存在孰优孰劣的问题。两者同时又具有许多共同点，例如都有源远流长的文明，都享有祖先留下的文物艺术珍品和建筑遗产，城市空间脉络和建筑形态都有着珍贵的文化基础。因此，许多城市建设中的原则是共通的。《欧洲古典建筑细部》一书，有助于我们建立对西方古典建筑正确的美学价值观，并应用于高科技、高效率的现代城市建设。

齐方

2011夏 于上海方大设计总部

齐方博士 简介

上海方大设计机构

TONTSEN 方大設計

董事长

建筑学博士

国家一级注册建筑师

一、简历：

1991年获清华大学建筑学学士学位

1994年获同济大学建筑学硕士学位

1998年获同济大学建筑学博士学位

现任上海方大建筑设计事务所董事长，美国TONTSEN建筑设计事务所（中国）首席建筑师，TONTSEN UK 董事。

二、主要设计作品

上海紫园，上海月湖别墅，上海月湖山庄，北京国花园，上海耀江国际广场，上海绿地东上海，上海高速客运站，温州香缇半岛，南昌恒茂国际华城，常熟中南世纪城等。

三、主要学术成果

在国内外主要学术期刊发表学术论文近30篇，著有《上海人居模式研究》等著作，设计作品获多项国家及各省市奖项。

目录

欧洲古典时期

古希腊建筑

古罗马建筑

中世纪时期

拜占庭建筑

罗马建筑

哥特式建筑

文艺复兴时期

文艺复兴建筑

巴洛克建筑

自公元前5世纪中叶起的100余年间，史称古典文化时期。古希腊文化以及后来古罗马盛期的文化，历史上统称之为欧洲的古典文化。

海上的生存环境培育了古希腊人追求现世生命价值、注重个人地位和个人尊严的文化价值观念。因此，古希腊文学和艺术具有丰富多彩、雄大活泼的特征，具有人类社会童年时代天真烂漫的特征。

公元前五、六世纪，特别是希波战争以后，经济生活高度繁荣，产生了光辉灿烂的希腊文化，对后世有深远的影响。古希腊人在文学、戏剧、雕塑、建筑、哲学等诸多方面有很深的造诣。这一文明遗产在古希腊灭亡后，被古罗马人破坏性地延续下去，从而成为整个西方文明的精神源泉。

古希腊时期的建筑、罗马共和时期与罗马帝国时期的建筑统称为欧洲古典建筑。它们以石材为建筑材料。在历史演进中，形成了决定希腊建筑形

欧洲古

式的柱子格式，称为柱式。典型的希腊柱式有多立克柱式、爱奥尼克柱式与科林斯柱式三种，希腊柱式后来为罗马所继承与发展。所谓古典柱式，包括古希腊的三种柱式和后来古罗马发展的塔司干柱式和组合柱式，共称古典五柱式。

古希腊建筑讲究建筑的配置与环境紧密结合，采用几何性对称和直交网格，精致细腻，结构明晰。当时的建筑以神庙为中心，还有大量的公共活动场所，如露天剧场、竞技场、广场与敞廊等，建筑风格开敞明朗，注重艺术效果。

而古罗马建筑作为对古希腊建筑的继承与发展，在其帝国强盛的背景下，大规模建筑，以规模、气势、数量取胜。古罗马建筑的类型很多，包括罗马万神庙等宗教建筑，也有皇宫、剧场、角斗场、浴场、广场和巴西利卡（长方形会堂）等公共建筑，居住建筑有内庭式住宅、内庭式与围柱式院相结合的住宅，还有四五层的公寓式住宅等。

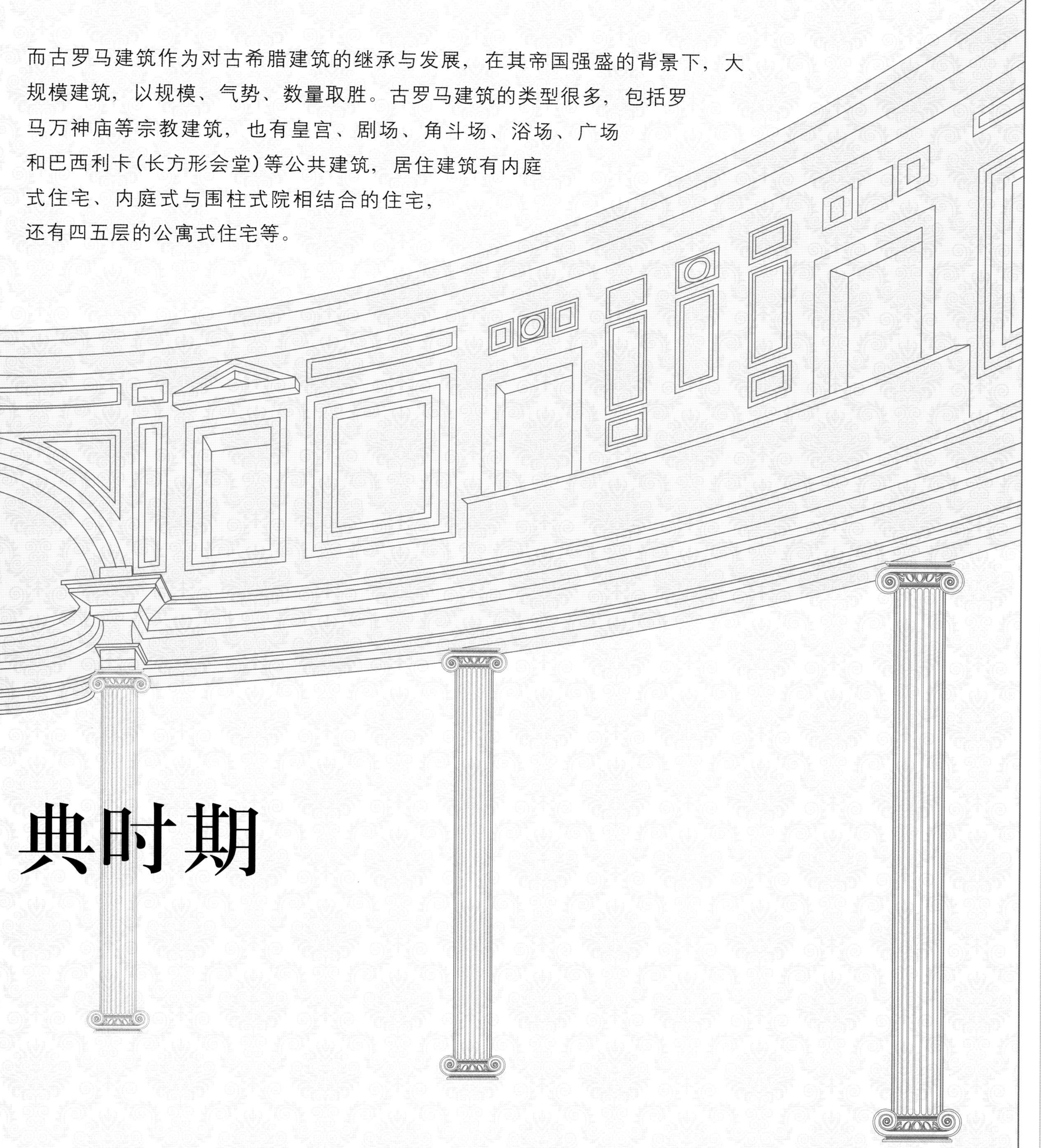

典时期

古希腊建筑

古代希腊是欧洲文化的发源地，古希腊建筑开欧洲建筑的先河。古希腊的发展时期大致为公元前8世纪至公元前1世纪，即到希腊被罗马兼并为止。

公元前8～前6世纪，是古风时期，希腊建筑逐步形成相对稳定的形式，形成了风格端庄秀雅的爱奥尼克式建筑和风格雄健有力的多立克式建筑。公元前5～前4世纪，是古希腊繁荣兴盛时期，创造了很多建筑珍品，这时期形成了一种新的建筑柱式——科林斯柱式，风格华美富丽，在罗马时代广泛流行。公元前4世纪后期到公元前1世纪，是古希腊历史的后期，希腊建筑风格向东方扩展，同时受到当地原有建筑风格的影响，形成了不同的地方特点。

公共活动的需要是公共建筑大量兴建的重要原因。现存的建筑物遗址，如神庙、剧场、竞技场都深深地反映了古希腊人的艺术趣味。

古希腊建筑风格特点主要是和谐、单纯、庄重和布局清晰。而神庙建筑则是这些风格特点的集中体现者，同时也是古希腊，乃至整个欧洲影响最深远的建筑。古希腊建筑的平面构成为1：1.618或1：2的矩形，中央是厅堂、大殿，周围是柱子，可统称为环柱式建筑。建筑中的四种柱式——多立克柱式、爱奥尼克柱式、科林斯柱式和女郎雕像柱式，令古希腊建筑留下了独特且不朽的丰姿。柱式的发展对古希腊建筑的结构起了决定性的作用，并且对后来的古罗马乃至欧洲的建筑风格产生了重大的影响。

古希腊建筑的双面坡屋顶形成了建筑前后的山花墙装饰的特定手法。其建筑中的圆雕、高浮雕、浅浮雕等装饰手法，创造了独特的装饰艺术。可以说，古希腊建筑就是用石材雕刻出来的艺术品，生机勃勃，充满了艺术感。

古希腊人崇尚人体美，无论是雕刻作品还是建筑，他们都认为人体的比例是最完美的，使希腊建筑无论从比例还是外形上都产生了一种生气盎然的崇高美。所以，古希腊建筑比例规范，其柱式外在形体的风格完全一致，都以人为尺度，以人体美为其风格的根本依据。

古希腊建筑通过它自身的尺度感、体量感、材料的质感、造型色彩以及建筑自身所载的绘画及雕刻艺术，给人以巨大强烈的震撼，它强大的艺术生命力令它经久不衰。它的梁柱结构，它的建筑构件特定的组合方式及艺术修饰手法，深深地久远地影响欧洲建筑达两千年之久。

柱

柱：人体美，艺术感，成比例

古希腊建筑风格的特点最集中体现在柱式，共有四种柱式：多立克柱式、爱奥尼克柱式、科林斯柱式、女郎雕像柱式。

多立克柱又被称为男性柱，柱子比例粗壮。柱头为简单而刚挺的倒立圆锥台，柱身有凹槽，槽背呈尖形，没有柱础，雄壮的柱身从台基上拔地而起。爱奥尼克柱又被称为女性柱，柱子比例修长。柱头为精巧的涡卷，柱身有凹槽，槽背呈带形，有复杂的、看上去富有弹性的柱础。科林斯柱比爱奥尼克柱更为纤细，柱头用毛茛叶作装饰，形似盛满花草的花篮。相对于爱奥尼克柱式，科林斯柱式的装饰性更强，但是在古希腊的应用并不广泛。女郎雕像柱式是爱奥尼克柱式的一个变种，柱子主要由女郎雕像组成。这一柱式的典型应用是在雅典卫城的厄瑞克忒翁神庙中。

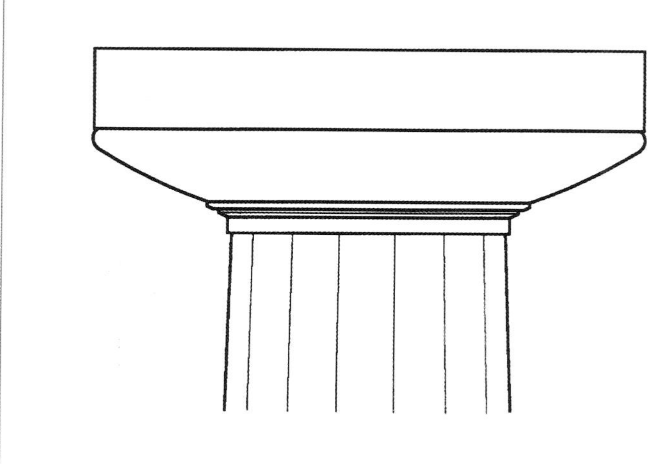

古罗马建筑

古希腊晚期的建筑成就由古罗马直接继承，古罗马劳动者把它向前大大推进，达到了世界奴隶制时代建筑的最高峰。

罗马本是意大利半岛中部西岸的一个小城邦国家，公元前5世纪起实行自由民主的共和政体。公元前3世纪，罗马征服了全意大利，向外扩张，到公元前1世纪末，统治了东起小亚细亚和叙利亚，西到西班牙和不列颠的广阔地区。北面包括高卢（相当现在的法国、瑞士的大部以及德国和比利时的一部分），南面包括埃及和北非。公元前30年起，罗马成了帝国。

其建筑历史发展可分为三个时期。其一是伊特鲁里亚时期，此时建筑在石工、陶筑构件与拱券结构方面有突出成就。罗马王国与共和初期的建筑就是在这个基础上发展起来的。其二是罗马共和国盛期，此时除了神庙之外，公共建筑，如剧场、竞技场、浴场等十分发达，并发展了角斗场所。同时古希腊建筑在建筑技艺及古典柱式方面强烈地影响了古罗马。其三是罗马帝国时期，此时建造了不少凯旋门、纪功柱和广场。此外，剧场、圆形剧场与浴场也趋于宏大与华丽。

古罗马的建筑艺术是古希腊建筑艺术的继承和发展。古罗马的建筑不仅借助更为先进的技术手段，发展了古希腊艺术的辉煌成就，而且也将古希腊建筑艺术风格的和谐、完美、崇高的特点，在新的社会、文化背景下，从“神殿”转入世俗，赋予这种风格以崭新的美学趣味和相应的形式特点。

古罗马建筑在材料、结构、施工与空间的创造等方面均有很大的成就。在空间创造方面，重视空间的层次、形体与组合，并使之达到宏伟与富于纪念性的效果。在结构方面，罗马人发展了结合东西方的梁柱与拱券结合的体系。在建筑材料上，运用了当地出产的天然混凝土。此外，罗马人还把古希腊柱式发展为五种古典柱式，即多立克柱式、塔司干柱式、爱奥尼克柱式、科林斯柱式和组合柱式，并创造了券柱式。在理论方面，形成了系统的建筑理论体系，以维特鲁威的《建筑十书》为主，成为自文艺复兴以后三百多年建筑学上的基本教材。

由于古罗马公共建筑物类型多，形制相当发达，样式和手法很丰富，结构水平高，而且初步建立了建筑的科学理论，所以对后世欧洲的建筑，甚至全世界的建筑，产生了巨大的影响。

墙

墙：混凝土墙，抹灰

在建筑材料上，除了砖、木、石外，还有运用地方特产火山灰制成的天然混凝土。公元前2世纪，砖饰面的混凝土被广泛运用到墙体的建造，特别是大型装卸货物的码头。通常混凝土的表面涂有灰浆或者是覆有大理石，并且有钉子位于相邻的饰面砖里，以确保饰面的稳定。古罗马建筑的墙面给人一种历史的厚重感，砖石的粗糙，色泽的古朴，仿佛诉说着那个时期的故事。部分建筑使用不同颜色、不同造型的砖石建造墙面，使墙面形成特定的花纹，给厚重的外墙增添了一丝生气。

门

门：拱形

拱门是古罗马建筑最显著的特点，在像罗马大竞技场一类的结构上，设计师采用了和希腊的圆柱相结合的重复拱门。他们建造了拱形的凯旋门和拱状的甬道。在罗马竞技场的前三层围墙中，每两根半露圆柱之间有一长方形拱门，三层共计80个拱门，每个拱门相连一个甬道。

古罗马建筑的门头多为半圆式或楣梁式，对构成拱形部分砖石的形状和排列进行了创造性地艺术处理，使建筑的结构性部件同时还具有完美的装饰效果。

柱

柱：组合柱，叠加柱，巨柱

古希腊建筑中的多立克柱式、爱奥尼克柱式、科林斯柱式三种柱式均被古罗马人所继承，其中科林斯柱式得到最广泛的运用。此外，古罗马人还发展了两种新的立柱：一是塔司干柱，它与古罗马建筑里的多立克柱相似，不同点在于柱身上没有凹槽，而且多了个柱础，更加简洁实用；另一个是组合柱式，就是在科林斯柱式的柱头上再加一对爱奥尼克式的涡旋，变华丽为奢华。为了适应多层或高大建筑的需要，罗马人还在柱子的使用方面进行了两项重大发明：一是叠柱法，即按楼层自下而上分别采用多立克柱式（或塔司干柱式）、爱奥尼克柱式、科林斯柱式，如果还有第四层，则用科林斯壁柱；另一个是巨柱式，即以一种巨大的柱式贯穿二层或三层建筑，这项技术在千年后的文艺复兴运动中才被大量运用。

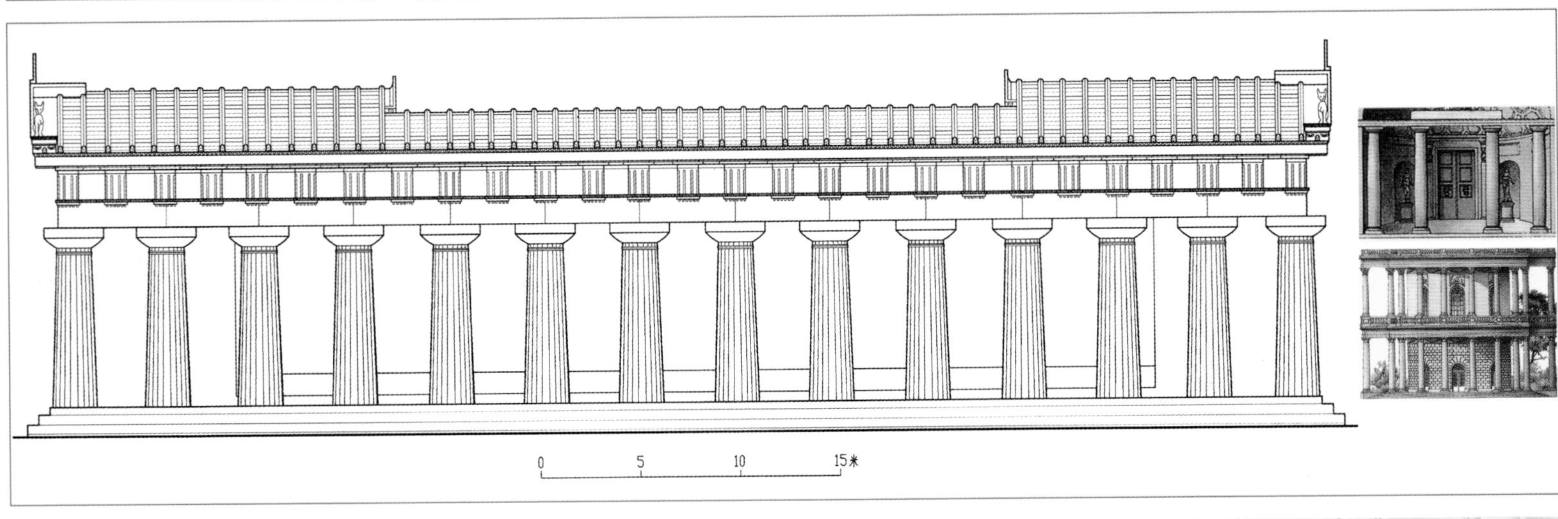

廊

廊：拱廊，柱廊

古罗马建筑除继续使用古希腊建筑中的柱廊外，也引进了新的形式——拱廊。古罗马的廊道比较宽敞，整体结构感觉厚重平实。石材的结构使得廊道的顶部一般比较简单，并无过多装饰。

古罗马人将拱廊应用于建筑物的导水管和其他公共工程。等距离排列的立柱或支柱在顶部相连，并与券拱结合，由一系列的拱形梁连接。拱廊组成了罗马圆形大剧场的三层较低楼层。

拱券

拱券：半圆券，筒形拱，十字拱

券拱结构是古罗马建筑的最大特点，也是最大成就之一。由于使用了强度高、施工方便、价格便宜的火山灰混凝土，拱券结构得以推广。古罗马建筑典型的布局方式、空间组合、艺术形式等都与拱券结构有着血肉联系。正是出色的拱券技术才使古罗马宏伟壮丽的建筑有了实现的可能性，才使古罗马建筑那种空前勇敢大胆的创造精神有了根据。

半圆形拱顶在古罗马的大型建筑中得到最广泛的运用。构成半圆券的砖、石块皆成楔形，它们被拼成半圆券时相互的接触面呈放射状，其延长部分正好相交于半圆的圆心，因此，半圆券被又称为半圆状的放射形券或罗马券。

装饰构件

装饰构件：券柱式、连续券

古罗马建筑艺术成就很高，大型建筑物的风格雄浑凝重，构图和谐统一，形式多样。罗马人开拓了新的建筑艺术领域，丰富了建筑艺术手法。

古罗马建筑发展了古希腊柱式的构图，使之更有适应性。最有意义的是创造出柱式与拱券的组合，如券柱式和连续券，既作结构，又作装饰。券柱式是罗马建筑艺术与技术上的一大成就。由券与柱式或券与柱式之檐部及柱子组成券柱式构图，将罗马本土的拱券技术与希腊的梁柱结构巧妙地结合在立面上，形成了新的构图要素。西方各地的凯旋门大多是券柱式构图。古罗马时期还出现了由各种弧线组成的平面、采用拱券结构的集中式建筑物。公元2世纪上半叶建于罗马郊外的哈德良离宫，是成熟的实例。

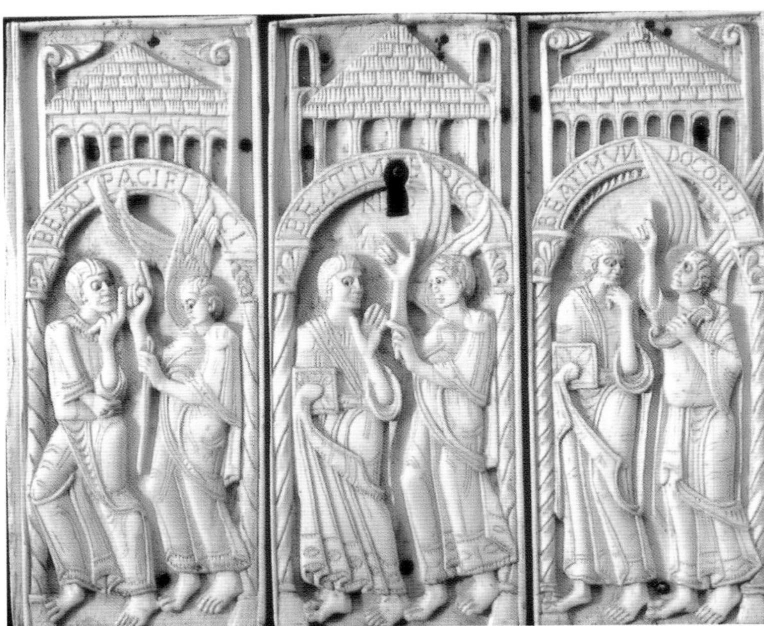

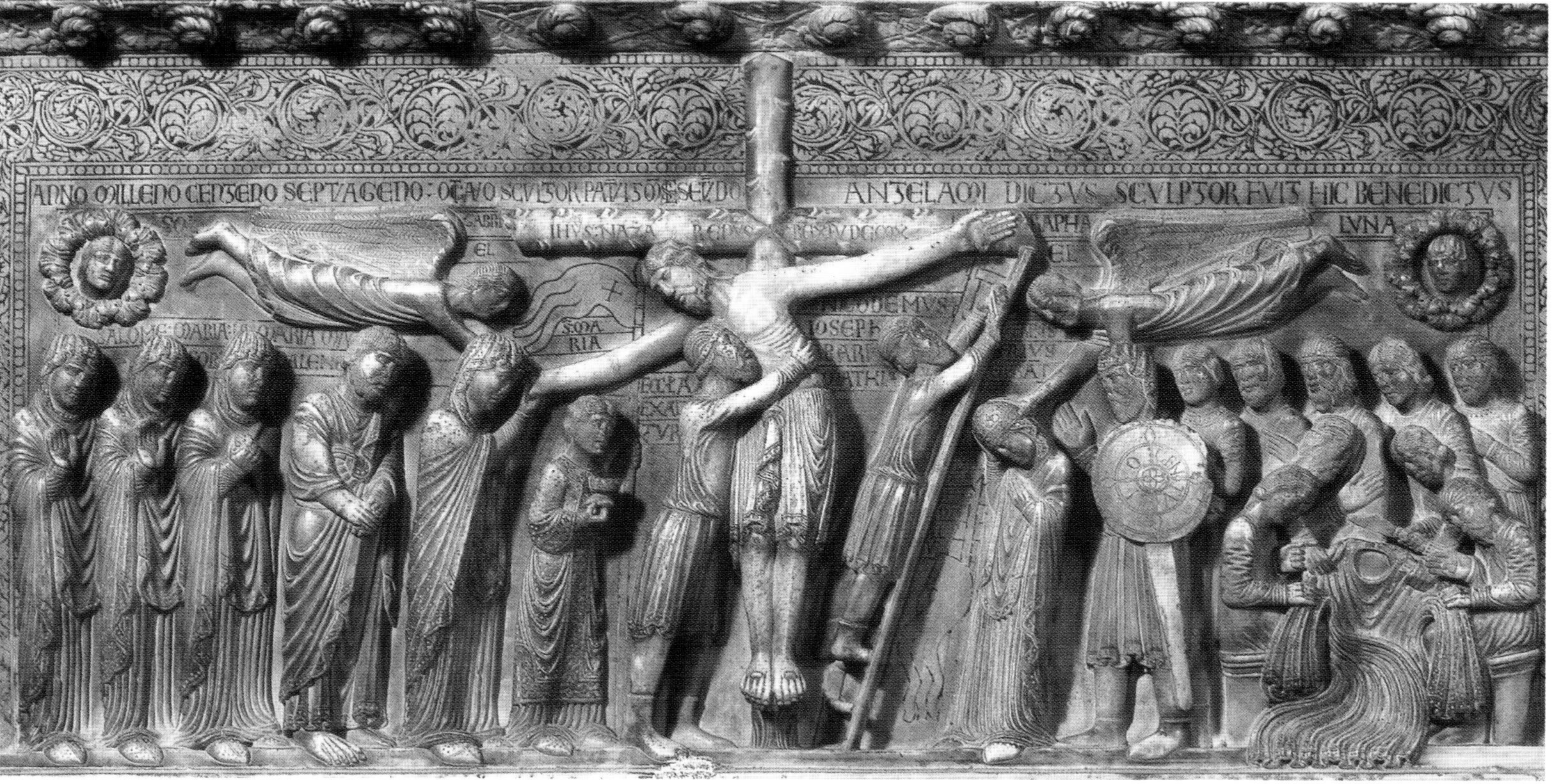

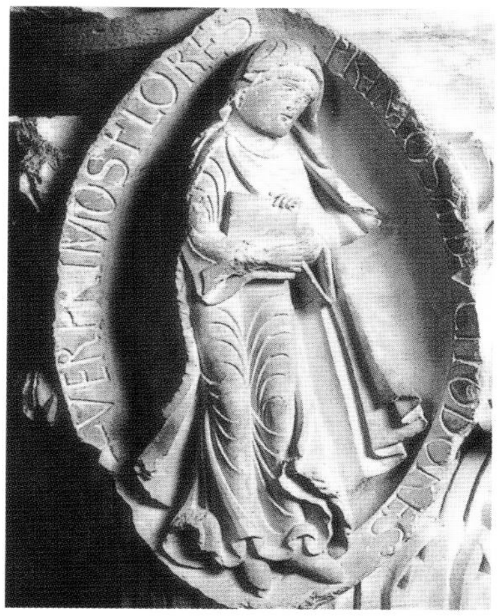
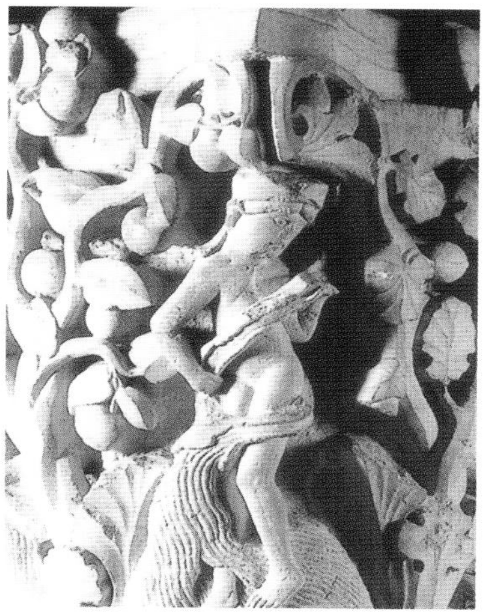
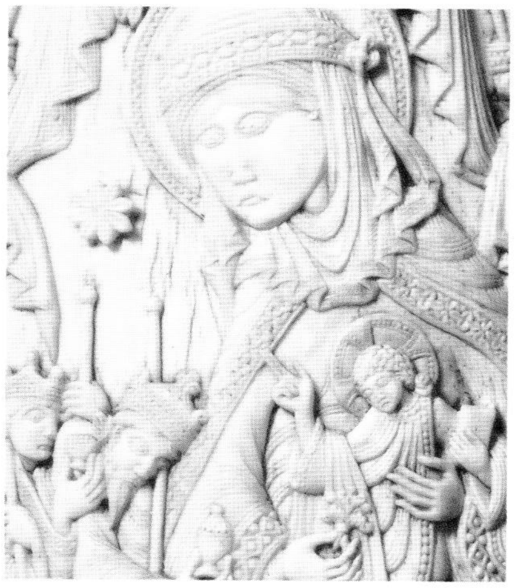
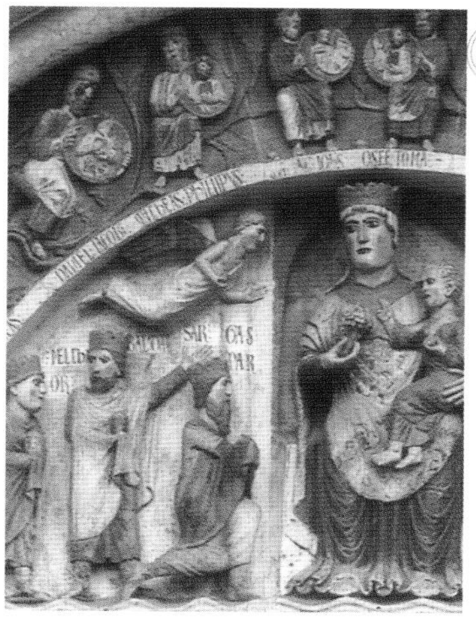
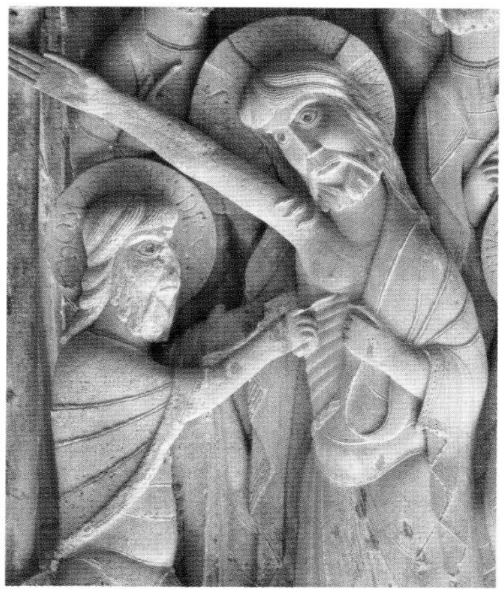
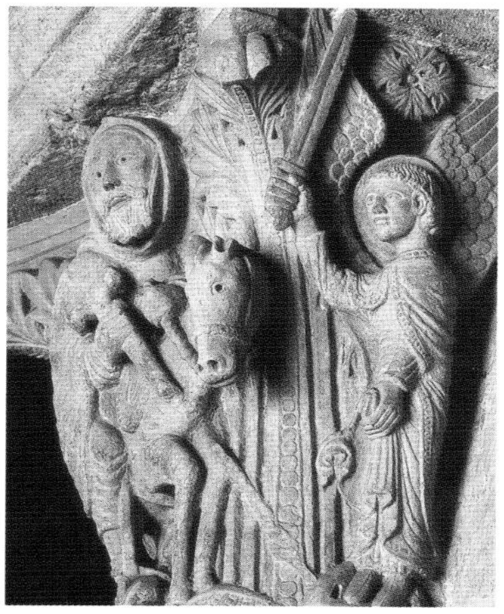
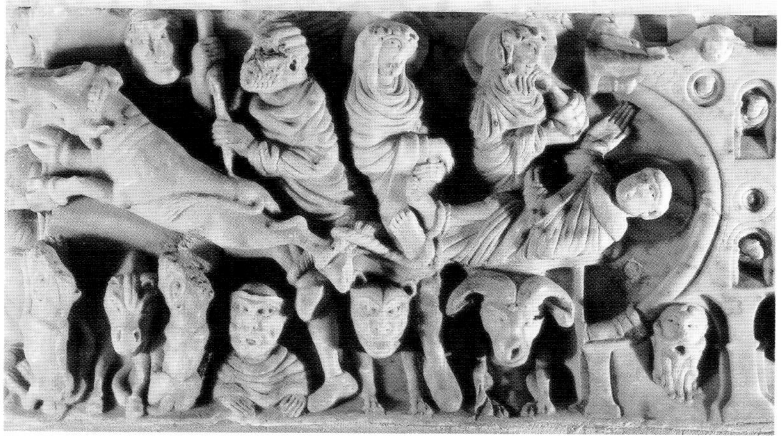
ANNO MILLENO CENTENO SEPTAGENO
ANTELAMI DICTVS SCVLPTOR FVIT HIC BENEDICTVS
LVNA

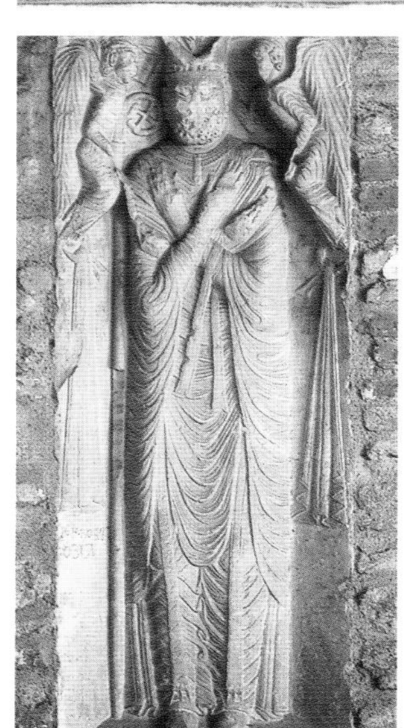

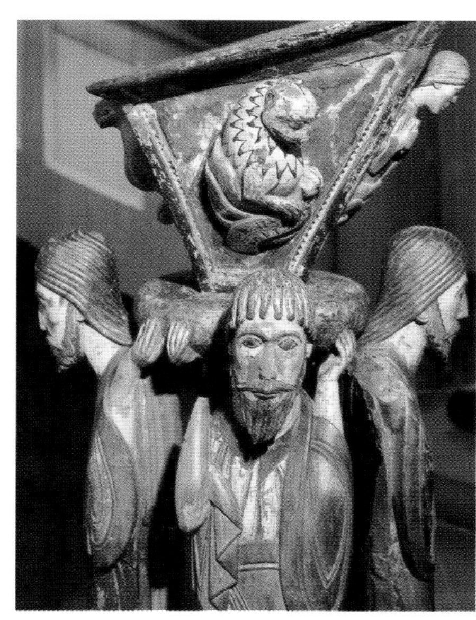

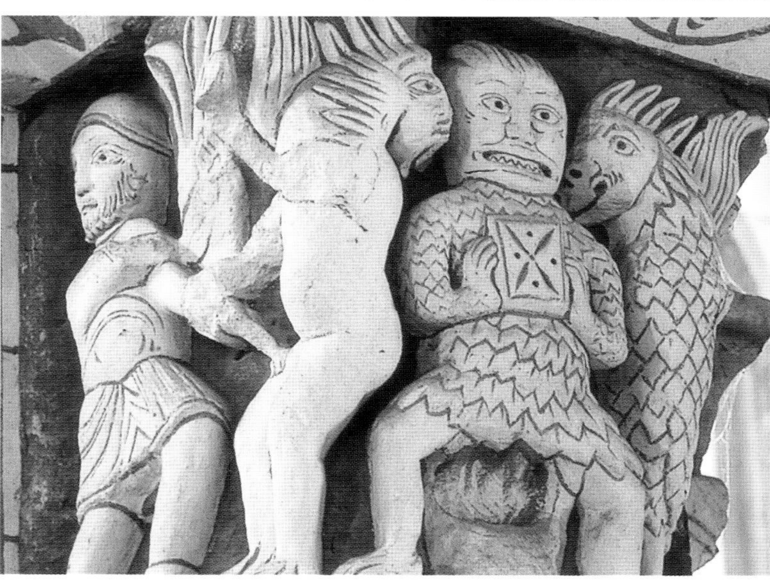

DHS LOQVITVR MARIE

室内空间

室内空间：单一，组合，纵深

古罗马建筑能满足各种复杂的功能要求，主要依靠水平很高的拱券结构，获得宽阔的内部空间。在空间创造方面，重视空间的层次、形体与组合，并使之达到宏伟的富于纪念性的效果；古罗马人把几个十字拱、穹隆组合起来，覆盖复杂的内部空间。

罗马城的万神庙是单一空间、集中式构图的建筑物的代表，它也是罗马穹顶技术的最高代表。在现代结构出现以前，它一直是世界上跨度最大的大空间建筑。除此以外，也有层次多、变化大的皇家浴场的序列式组合空间，还有巴西利卡的单向纵深空间。有些建筑物内部空间艺术处理的重要性超过了外部形体。

中世纪（约公元476年～公元1453年）是欧洲（主要是西欧）历史上的一个时代，自西罗马帝国灭亡(公元476年)数百年后，在世界范围内，封建制度占统治地位的时期，直到文艺复兴时期(公元1453年)，资本主义抬头的时期为止。

“中世纪”一词是15世纪后期的人文主义者开始使用的。这个时期的欧洲没有一个强有力的政权来统治。封建割据带来频繁的战争，造成科技和生产力发展停滞，人民生活在毫无希望的痛苦中，所以中世纪或者中世纪的早期在欧美普遍被称作“黑暗时代”，传统上认为这是欧洲文明史上发展比较缓慢的时期。

虽然如此，但中世纪文化依然有繁荣的一面，它不仅表现为庞大的神学——哲学体系的建构，而且也表现为罗马法的恢复、自然科学研究的苏醒，特别是在文学和艺术方面，更是取得了辉煌灿烂的成就，不仅出现

中世纪

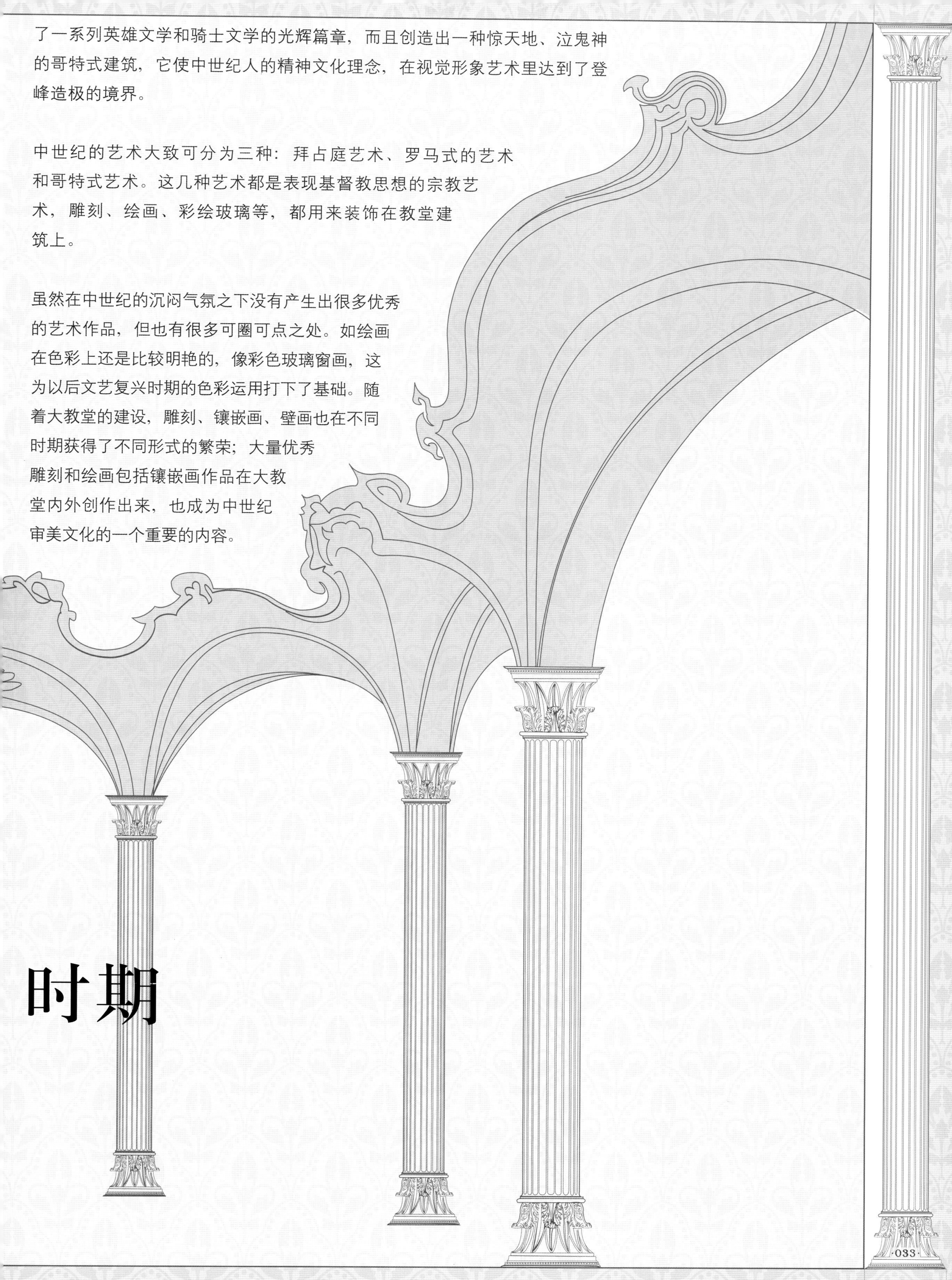

了一系列英雄文学和骑士文学的光辉篇章，而且创造出一种惊天地、泣鬼神的哥特式建筑，它使中世纪人的精神文化理念，在视觉形象艺术里达到了登峰造极的境界。

中世纪的艺术大致可分为三种：拜占庭艺术、罗马式的艺术和哥特式艺术。这几种艺术都是表现基督教思想的宗教艺术，雕刻、绘画、彩绘玻璃等，都用来装饰在教堂建筑上。

虽然在中世纪的沉闷气氛之下没有产生出很多优秀的艺术作品，但也有很多可圈可点之处。如绘画在色彩上还是比较明艳的，像彩色玻璃窗画，这为以后文艺复兴时期的色彩运用打下了基础。随着大教堂的建设，雕刻、镶嵌画、壁画也在不同时期获得了不同形式的繁荣；大量优秀雕刻和绘画包括镶嵌画作品在大教堂内外创作出来，也成为中世纪审美文化的一个重要的内容。

时期

拜占庭建筑

公元395年，以基督教为国教的罗马帝国分裂成东西两个帝国。史称东罗马帝国为拜占庭帝国。拜占庭建筑就是诞生于这一时期的拜占庭帝国的一种建筑文化。从历史发展的角度来看，拜占庭建筑是在继承古罗马建筑文化的基础上发展起来的，同时，由于地理关系，它又汲取了波斯、两河流域、叙利亚等东方文化，形成了自己的建筑风格，并对后来俄罗斯的教堂建筑、伊斯兰教的清真寺建筑都产生了积极的影响。

拜占庭建筑分为三大阶段。前期主要是按古罗马城的样子来建设君士坦丁堡。建筑有城墙、城门、宫殿、广场、输水道与蓄水池等。中期在7世纪 ~12世纪，建筑规模大不如前，特点是向高发展，中央大穹隆没有了，改为几个小穹隆群，并着重于装饰。后期在13世纪 ~ 15世纪，由于十字军东征，其建筑在土耳其人入主后大多破损无存。

拜占庭建筑的特点主要体现在以下几个方面。首先是屋顶造型，普遍使用“穹隆顶”。“穹隆”本身指天空，也形容如天空般中间高、四周下垂的样子，同时也泛指高起成拱形的建筑形式。穹隆顶就是穹隆式的屋顶，一般从外形来看为球形或多边形的屋顶形式。拜占庭建筑的这一特点受古罗马建筑风格的影响，几乎所有的公共建筑或宗教性建筑都用穹隆顶。而古罗马建筑虽也有此类形式，如万神庙，但还不普遍。

其次是整体造型中心突出。在一般的拜占庭建筑中，建筑构图的中心，往往十分突出，那体量既高又大的圆穹顶，往往成为整座建筑的构图中心，围绕这一中心部件，周围又常常有序地设置一些与之协调的小部件。

第三是创造了用独立方柱上支撑穹顶结构方法和与之相应的集中式建筑形制。拜占庭的教堂建筑格局大致有三种：巴西利卡式，平面似长方形；集中式，即平面为圆形或多边形，中央有穹隆；十字形，即平面为前后、左右等长的希腊十字，中央有穹隆顶。根据宗教活动需要，以及宗教形态视觉效果的需要，拜占庭建筑多为集中式布局。其典型做法是在方形平面的四边发券，在四个券之间砌筑以对角线为直径的穹顶，仿佛一个完整的穹顶在四边被发券切割而成，它的重量完全由四个券承担，从而使内部空间获得了极大的自由。

最后是在色彩的使用上，既注意变化，又注意统一，使建筑内部空间与外部立面显得灿烂夺目。在这一方面，拜占庭建筑极大地丰富了建筑的语言，也极大地提高了建筑表情达意、构造艺术意境的能力。

屋 顶

屋顶：穹隆顶

拜占庭建筑的十字架横向与竖向长度差异较小，其交点上为一大型圆穹顶。拜占庭建筑的屋顶造型普遍使用穹隆顶，即大葱头。这一特点显然是受到古罗马建筑风格影响的结果。但与古罗马相比，拜占庭建筑在使用穹隆顶方面要比古罗马普遍得多，几乎所有的公共建筑和宗教性建筑都用穹隆顶。屋顶的颜色多样化，有明亮的颜色，也有朴素的灰黑色，顶上配上拱券装饰或其他花纹装饰。

早期强盛的拜占庭帝国建造了圣索菲亚这样的大穹顶，越大的穹顶越需要金钱的消耗，随着经济的衰退，慢慢穹顶面积越来越小，并且逐渐形成了小的穹顶组群的建筑模式。

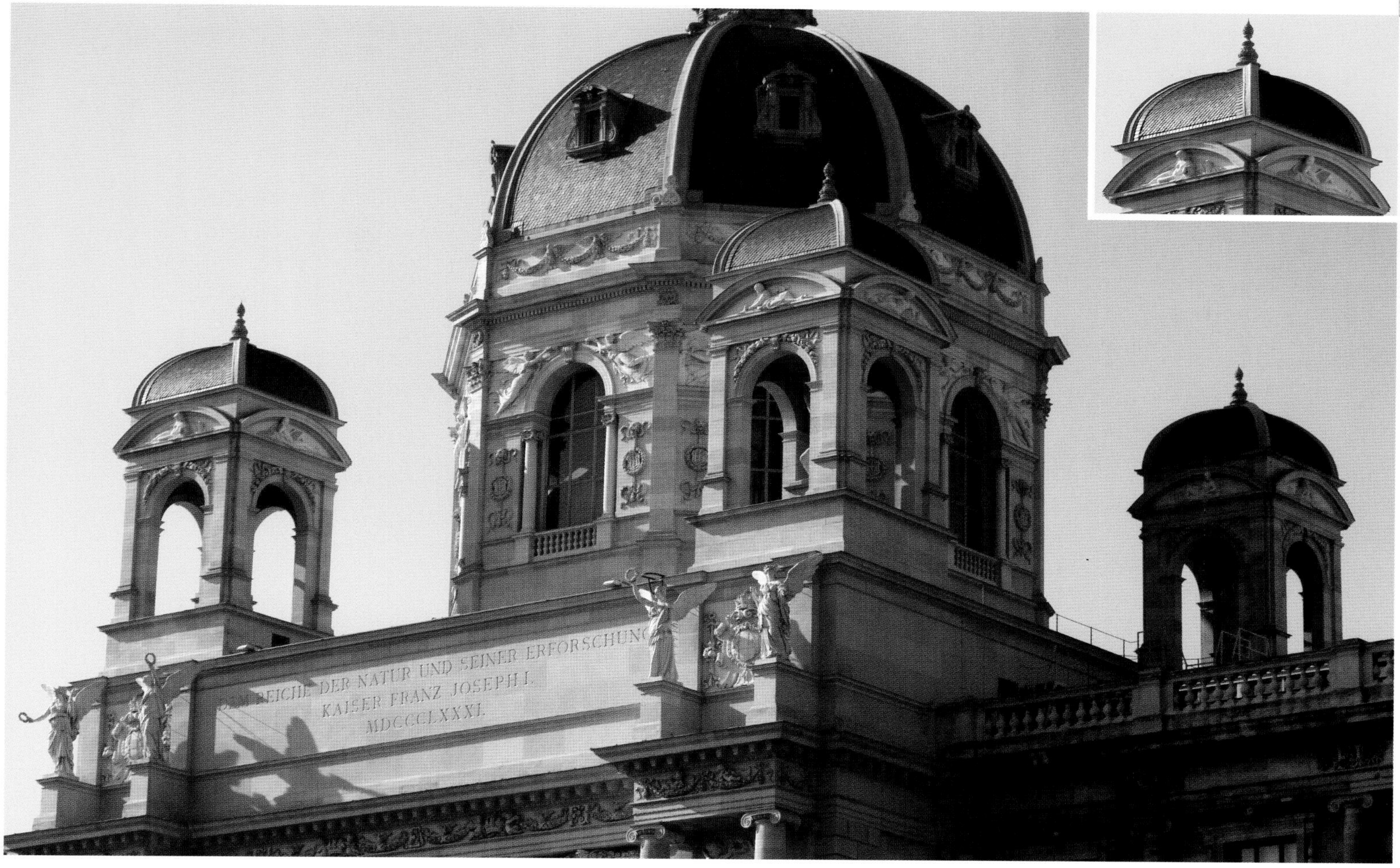
REICHE DER NATUR UND SEINER ERFORSCHUN
KAISER FRANZ JOSEPH I.
MDCCCLXXXI

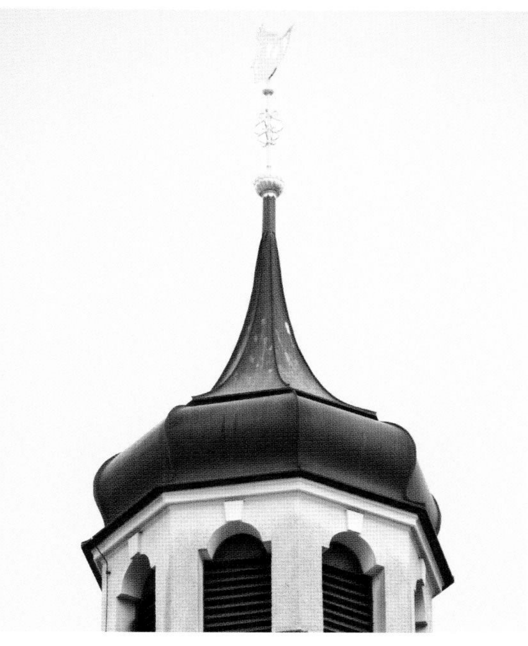

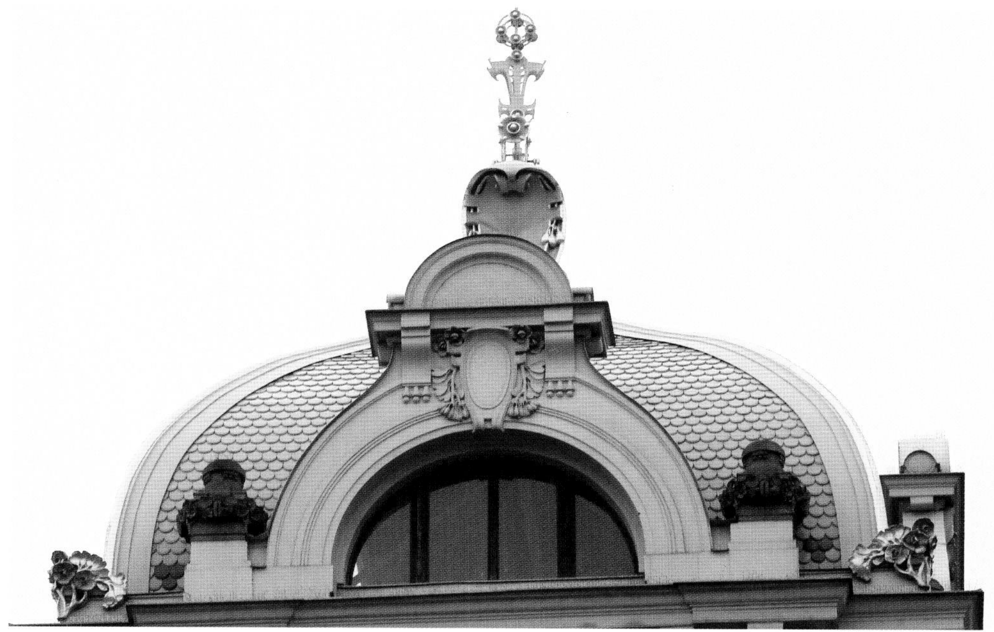

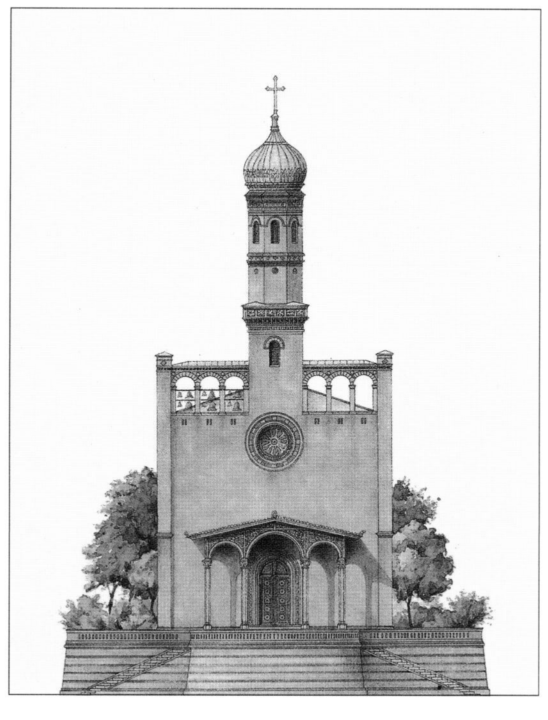

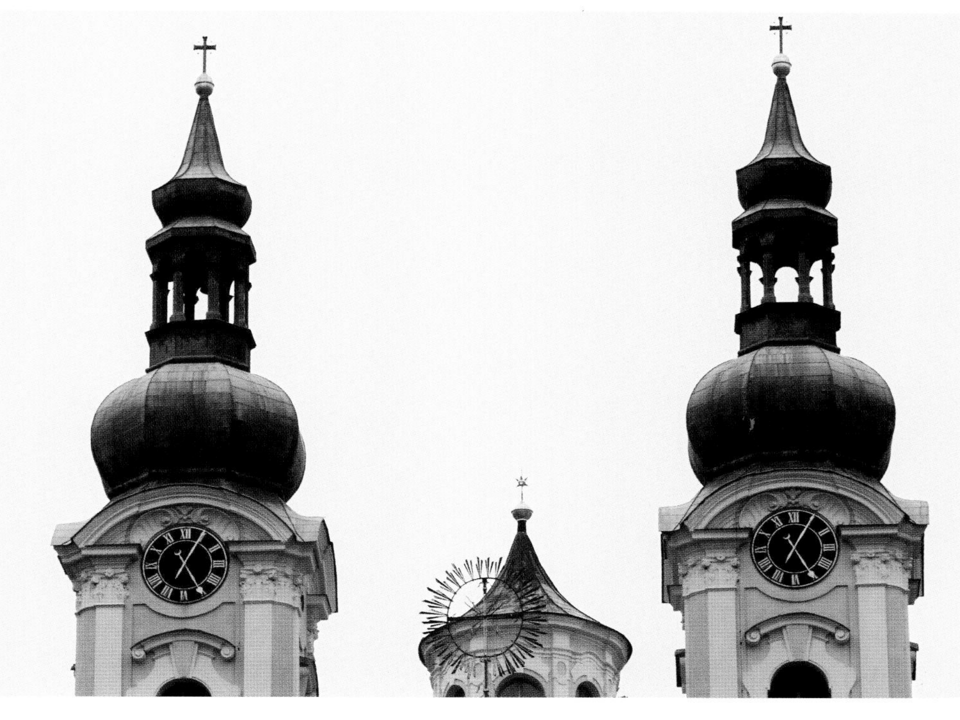

窗

窗：尖拱形

拜占庭建筑的窗户成尖拱形，这类窗户的顶端特别尖，通常成对出现或三个一组，主要出现在教堂里。尖拱上面有的还会配上圆形窗洞，旁边用简单的装饰与下面的成组窗户连在一起。尖拱下面由简单的柱子支撑。一些大型的教堂建筑，穹隆底部一般会密排着一圈几十个窗洞，光线从此射入，既保证了采光，四周窗户透进来的自然光线又给幽暗的教堂营造了迷幻的宗教气氛，产生奇妙的感觉。

柱

柱：倒方锥形柱头，柱头种类丰富

拜占庭建筑的柱式很独特，不同于古希腊和古罗马，柱头大多采用倒方锥台形几何形体。这种柱头的作用是完成厚厚的券脚向细细的柱子的过渡。还有一种柱头是立方体向上而渐渐抹去棱角，完成方形券脚到圆形柱子的过渡。柱头的装饰纹样大多是忍冬草，公元6世纪以后，柱头种类更加丰富，有花篮式柱头、花瓣式柱头等，有些柱头甚至出现动物形象。总的来说，拜占庭柱式远不如古希腊古罗马柱式大方、朴素，受波斯建筑的影响是显而易见的。

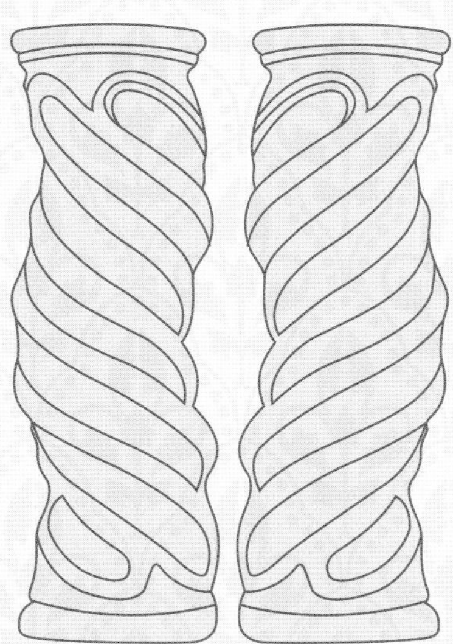

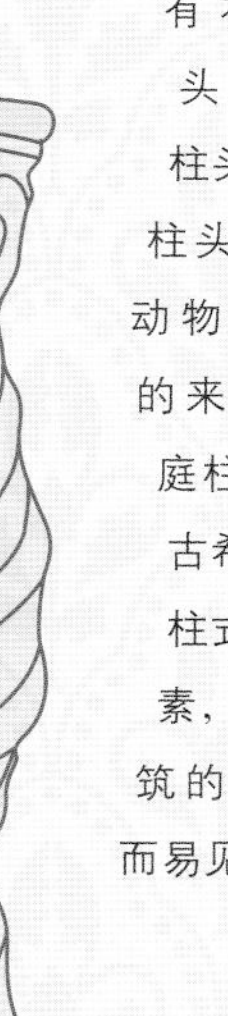

廊

廊：列柱长廊

拜占庭建筑的走廊长而高，两边为一排排的列柱，形成拱顶。不同的平面形式，使得廊的造型也各不相同。由于早期的教堂建筑采用巴西利卡式，侧廊窄而低。采用集中式时，在中央大穹隆周围会有一圈回廊。采用希腊十字式后，四周各伸出一个矮矮的“翼廊”。有的翼廊的大小是一样的；有的则有一个翼廊长一些。拱顶下面的柱子有单个分开的圆柱，也有成束状的方形柱墩，使廊道看起来沉稳。

拱　券

拱券：帆拱

拜占庭建筑在古西亚的砖石拱券、古希腊的古典柱式和古罗马的宏大规模技艺的基础上发展了别具特色的穹顶技术，即在穹隆覆盖立方体空间中创造了鼓座及用抹角拱或帆拱作为过渡的方法。帆拱的结构方式不仅使穹顶和方形平面的承接过渡在形式上自然简洁，同时由于把荷载集中到四角的支柱上，完全不需要连续的承重墙，使穹顶之下的空间得以开敞。

装饰构件

装饰构件：彩色大理石，马赛克，粉画，石雕

拜占庭建筑在内部装饰上极具特点，墙面往往铺贴彩色大理石，拱券和穹顶面不便贴大理石，就用马赛克或粉画。马赛克是用半透明的小块彩色玻璃镶成的。为保持大面积色调的统一，在玻璃马赛克的后面先铺一层底色，最初为蓝色，后来多用金箔做底。玻璃块往往有意略作不同方向的倾斜，造成闪烁的效果。

粉画一般常用在规模较小的教堂，墙面抹灰处理后由画师绘制一些宗教题材的彩色灰浆画。

在发券、拱脚、穹顶底脚、柱头、檐口和其他承重或转折的部位用石头砌筑，并在上面做雕刻装饰。雕刻的手法是：保持构件原来的几何形状，用镂空和三角形截面的凹槽来形成图案。

室内空间

室内空间：丰富多变

拜占庭建筑由于采用了帆拱、鼓座等结构形式，使穹顶向上挑高，建筑的纵向空间得到了扩展。比起古罗马必须用圆形平面、封闭空间的穹顶技术来说有了非常重大的进步，创造了穹顶统率之下的灵活多变的集中式形制，使成组的圆顶集合在一起，形成广阔而有变化的新型空间形象。内部空间丰富多变，穹顶与柱之间，大小空间前后上下相互渗透，光线射入时形成的幻影，使大穹顶显得轻巧空灵。

在内部装饰上选用色彩绚烂的大理石等，拼成一幅幅美丽的图案。

عمر الفاروق رضي الله تعالى عنه
محمد عليه السلام

1910

JACOBUS

罗马建筑

罗马建筑是10世纪~12世纪欧洲基督教流行地区的一种建筑风格，又译作罗曼建筑、罗马式建筑、似罗马建筑等。罗马建筑风格多见于修道院和教堂。

罗马建筑承袭初期基督教建筑，采用古罗马建筑的一些传统做法如半圆拱、十字拱等，有时也用简化的古典柱式和细部装饰。经过长期地演变，逐渐用拱顶取代了初期基督教堂的木结构屋顶，在对罗马的拱券技术不断进行试验和发展后，采用扶壁以平衡沉重拱顶的横推力，后来又逐渐用骨架券代替厚拱顶。平面仍为拉丁十字。出于向圣像、圣物膜拜的需要，在东端增设若干小礼拜室，平面形式渐趋复杂。

罗马建筑的典型特征是：墙体巨大而厚实，墙面用连列小券，门轴洞口用同心多层小圆券，以减少沉重感。西面有一两座钟楼，有时拉丁十字交点和横厅上也有钟楼。中厅大小柱有韵律地交替布置。窗口窄小，在较大的内部空间造成阴暗神秘气氛。朴素的中厅与华丽的圣坛形成对比，中厅与侧廊较大的空间变化打破了古典建筑的均衡感。

随着罗马建筑的发展，中厅愈来愈高。为减少和平衡高耸的中厅上拱脚的横推力，并使拱顶适应于不同尺寸和形式的平面，后来创造出了哥特式建筑。罗马建筑作为一种过渡形式，它的贡献不仅在于把沉重的结构与垂直上升的动势结合起来，而且在于它在建筑史上第一次成功地把高塔组织到建筑的完整构图之中。

罗马建筑的著名实例有：意大利比萨主教堂建筑群、德国沃尔姆斯主教堂等。

屋顶

屋顶：圆形，石头屋顶

罗马建筑外观巨大、繁复，但装饰简单大方。最特别的是建筑的屋顶，呈圆盖式的形状，并使用大量的沉重石头来建造。罗马建筑的设计都是以拱顶为主，以石头的曲线结构来覆盖空间。在圆形屋顶两旁，往往有一对高耸的尖塔，既有圆形塔，也有方形塔，塔上会开一些窗户，方便室内采光。在屋顶周围配上半圆形重叠连列假券和半露柱，并与门窗等实体结构协调一致，其上由连续的半圆形券柱构成，整座建筑看起来匀称端庄。

窗

窗：小，高，采光少

罗马建筑的窗户很小而且离地面较高，采光少，里面光线昏暗，使其显示出神秘与超世的意境。小型窗户可能在顶部覆有坚固的石过梁，大型窗户则几乎为拱形，有些大窗被间柱分为两个采光口。窗户洞口用同心多层小圆券，从而使整个建筑看起来并不十分沉重。当时，玻璃还属稀缺物品，很多教堂的窗口因此做得很小，并深深嵌入厚重的承重墙内。为了改善室内的光照，设计师们在上方往往会建两个尖塔。

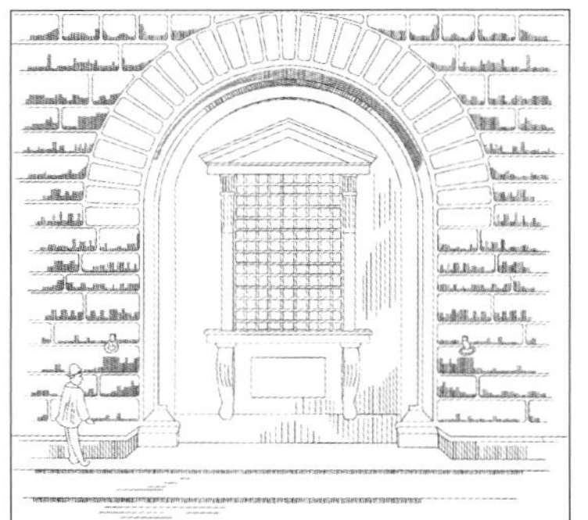

门

门：喇叭状，嵌入墙内

为了承重和抵消侧推力，人们建起了巨大而厚实的外墙，而大门则成喇叭状陷入山墙内，喇叭形的门洞由阶梯状半圆拱和立柱修饰。门上方为半圆形。罗马教堂建筑的正面，常常呈对称状，设一个通过线脚或门廊而显著起来的中央大门，并排列着顶部拱起的窗户。远离市区的寨堡和一些早期修道院教堂建筑，显得极为简陋和粗糙，体形简单，砌筑粗糙，石材不齐，灰缝很厚，但在门的位置仍然有半圆券装饰。

柱

柱：柱墩粗重，柱头退化并被粗加工

罗马建筑的柱子仍为圆柱，但柱头逐步退化，并用粗重的柱墩替代柱式的柱子。柱墩基本上为矩形，但是常常可以呈现极复杂的形式，如在内壁上设支撑拱的大空心半柱，或由直达拱线脚处的小柱身组成束状。细长柱和附柱也会应用在结构和装饰上。带有叶饰的科林斯柱式为很多罗马建筑的柱头提供了灵感。科林斯柱基本上为置放在圆柱上的底部呈圆形，而支撑墙体或拱券的顶部呈方形。这种形状为其增添了广泛的、多样的粗加工特色，表现出了最佳的独创性。一些以描绘圣经场景或是野兽与妖怪的手抄本插图为依托，而其他生动的场景则与本地圣徒的传说相关。

廊

廊：回廊

罗马建筑的主要题材是教堂和修道院。回廊成为朝圣教堂不可缺少的部分，回廊上有容纳朝圣者的走道。修道院的布局基本上和教堂是一样的，只是回廊是由连续的十字拱或者六分拱组成的四方形的回廊。在教堂建筑的后殿设置回廊，并沿回廊按放射状布局设置了多个小礼拜堂，大大增加了后殿的空间。在廊的两边，有装饰各异的列柱和连拱券，顶有拱顶也有平顶，但是都比较低矮。

拱　券

拱券：半圆拱，肋骨拱

为了支持石头屋顶的重量，罗马建筑在结构上广泛运用拱券。半圆形的拱券结构深受基督教宇宙观的影响，罗马教堂建筑在窗户、门、拱廊上都采取了这种结构，甚至屋顶也是低矮的圆屋顶。这样，整个建筑让人感到圆拱形的天空一方面与大地紧密地结合为一体，同时又以向上隆起的形式表现出它与现实大地分离。罗马建筑还常采用扶壁和肋骨拱来平衡拱顶的横推力。它所创造的扶壁、肋骨拱与束柱在结构与形式上都对后来的建筑影响很大。

装饰构件

装饰构件：钟塔，连拱饰，雕刻

罗马建筑将钟楼组合到教堂建筑中。从这时起，在西方，无论是市镇还是乡村，钟塔都是当地最显著的建筑。

连拱饰是罗马建筑最显著的装饰，它有各种形式。其中伦巴第装饰带是由一系列的小拱券构成，对屋顶轮廓线起着支撑的作用。连拱廊也叫假拱，是英国建筑常用的装饰手法，在伊利教堂中可以见到一些变化的形式。在雕刻技艺上，应用框架法则，将非写实性的，即将寓意、象征、夸张、变形等多种艺术手法随心所欲地兼取并用，并将违反正常比例的雕刻运用到门楣中心、横楣、拱门饰、门廊、门间壁、门侧壁甚至柱头与柱身的所有表面。

230 190
440 440

EVA
ADAM

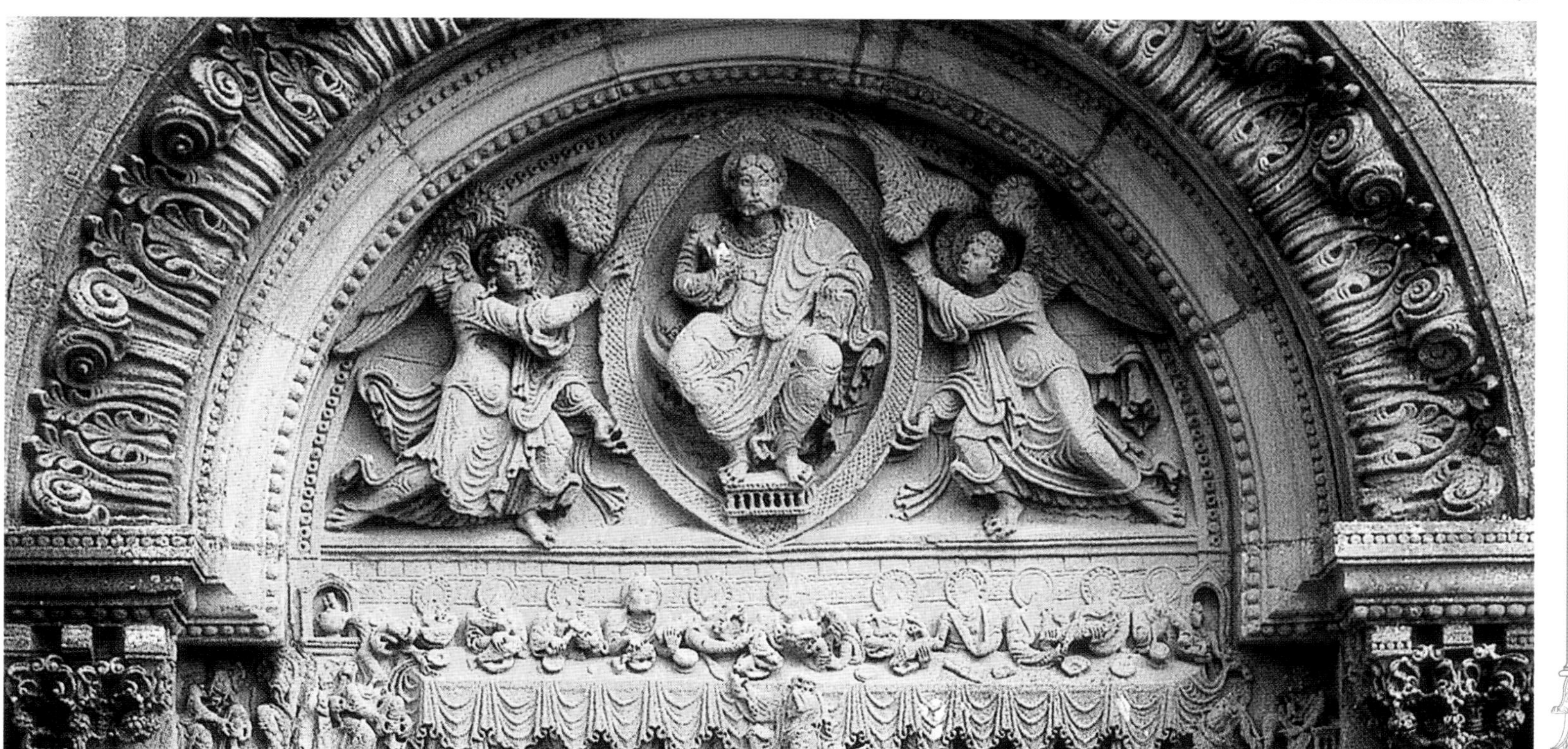

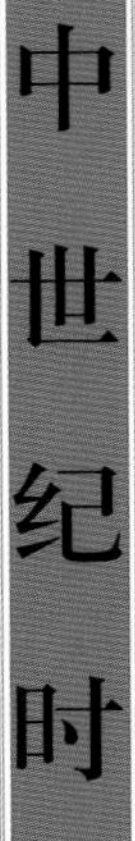
中世纪时期

室内空间

室内空间：宽阔，纵深

罗马教堂建筑表现为堂内占有较大的空间，横厅宽阔、中殿纵深，在外观上构成十字架形。通常在教堂内的侧廊以拱顶覆盖，正厅则以木料作顶，并且系梁与拱顶一起频繁出现。在侧廊屋顶的上部有一排窗户的高侧墙，用于中厅的采光。这一时期在空间的高度有了一个从两层到三层的发展。教堂建筑的内部空间呈现出阴暗神秘气氛，朴素的中厅与华丽的圣坛形成对比，中厅与侧廊较大的空间变化打破了古典建筑的均衡感。

中世纪时期

拜占庭建筑

罗马建筑

哥特式建筑

哥特式建筑

哥特式建筑或译作歌德式建筑，是11世纪下半叶起源于法国，13～15世纪流行于欧洲的一种建筑风格。它兴盛于中世纪高峰与末期，由罗马建筑发展而来，为文艺复兴建筑所继承。哥特式建筑主要见于天主教堂，也影响到世俗建筑，它以其高超的技术和艺术成就，在建筑史上占有重要地位。

哥特式建筑的特点是尖塔高耸、尖形拱门、大窗户及绘有圣经故事的花窗玻璃。在设计中利用尖肋拱顶、飞扶壁、修长的束柱，营造出轻盈修长的飞天感。并利用新的框架结构以增加支撑顶部的力量，使整个建筑以直升线条形成雄伟的外观和教堂内空阔的空间，再结合镶着彩色玻璃的长窗，使教堂内产生一种浓厚的宗教气氛。

哥特式教堂的结构体系由石头的骨架券和飞扶壁组成。其基本单元是在一个正方形或矩形平面四角的柱子上做双圆心骨架尖券，四边和对角线上各一道，屋面石板架在券上，形成拱顶。采用这种方式，可以在不同跨度上作出矢高相同的券，拱顶重量轻，交线分明，减少了券脚的推力，简化了施工。

飞扶壁由侧厅外面的柱墩发券，平衡中厅拱脚的侧推力。为了增加稳定性，常在柱墩上砌尖塔。由于采用了尖券、尖拱和飞扶壁，哥特式教堂的内部空间高大、单纯、统一。装饰细部如华盖、壁龛等也都用尖券作主题，建筑风格与结构手法形成一个有机的整体。

哥特式建筑的典型实例有巴黎圣母院、法国亚眠主教堂、英国索尔兹伯里主教堂、德国科隆主教堂、意大利米兰大教堂等。

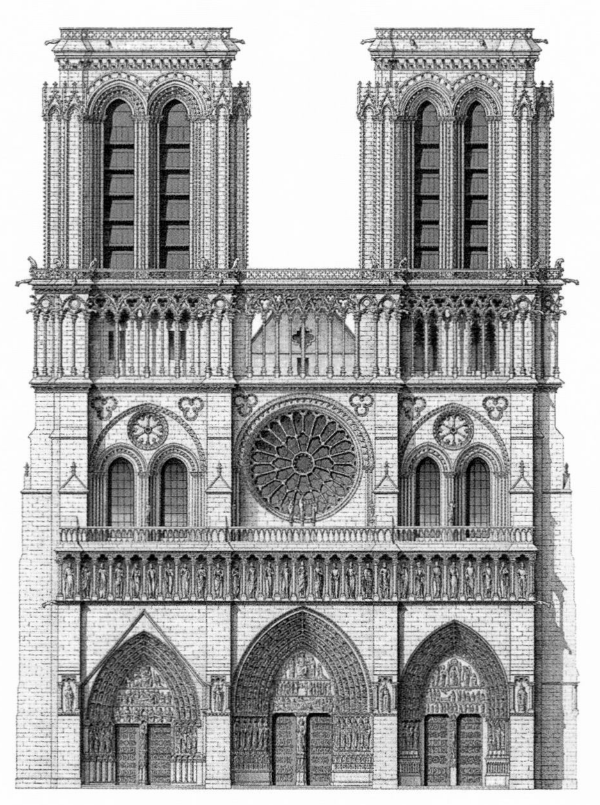

S
U

屋 顶

屋顶：尖顶

哥特式教堂形体向上的动势十分强烈，轻灵的垂直线直贯全身。它利用一系列拱型的尖顶组成教堂整体结构，尖利的顶端高耸入云，直插穹隆。许多垂直的平行线条本身就带有某种节奏，轻灵的线条如一组石头的丛林，

锋利，直冲苍穹。不仅所有的顶是尖的，而且建筑局部和细节的上端也都是尖的，不论是墙和塔都是越往上分划越细，装饰越多，也越玲珑，形成一种向上的动势。扶壁和墙垛上也都有玲珑的尖顶，雕刻极其丰富。

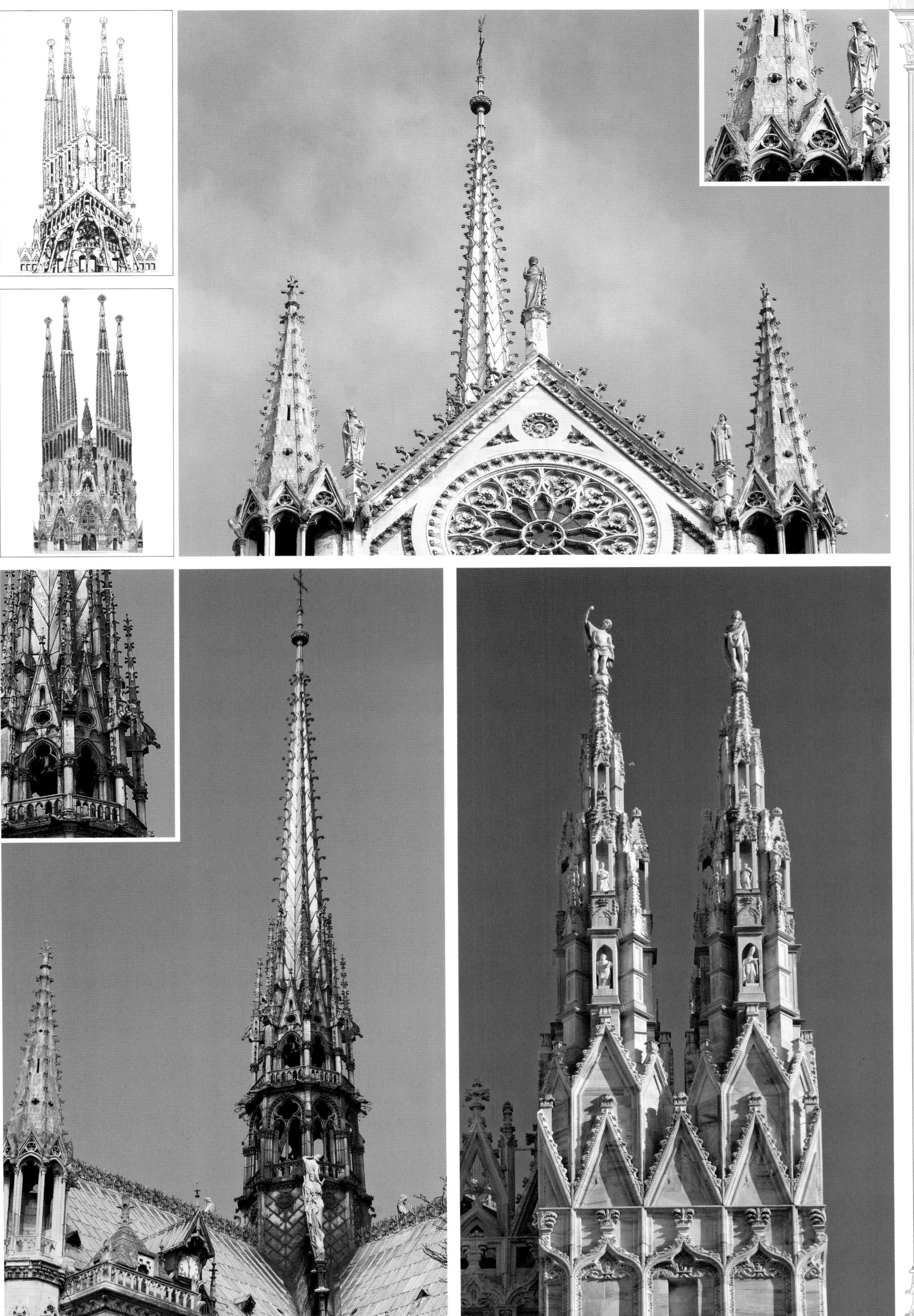

A
Ω

墙

墙：作用减小

哥特式风格的建筑师将注意力放在了柱子上，而不是墙体。在建造好柱子之后，他们才砌墙，就像现在的建造方式，先用钢筋建造楼体的框架，然后才在框架之间砌上墙壁。这种方法是建筑上的重大进步，墙壁不再是建筑的主要支撑物，因为人们甚至可以从上往下造墙。在哥特式建筑中，墙的作用减小了，柱子成为最重要的支撑物。墙壁逐渐演变成了我们所说的“窗户框”，有些建筑即便是不砌墙也无所谓，属于墙壁的地方空无一物。

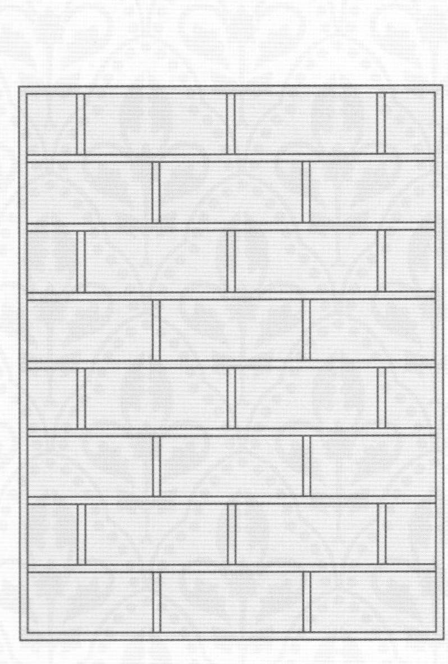

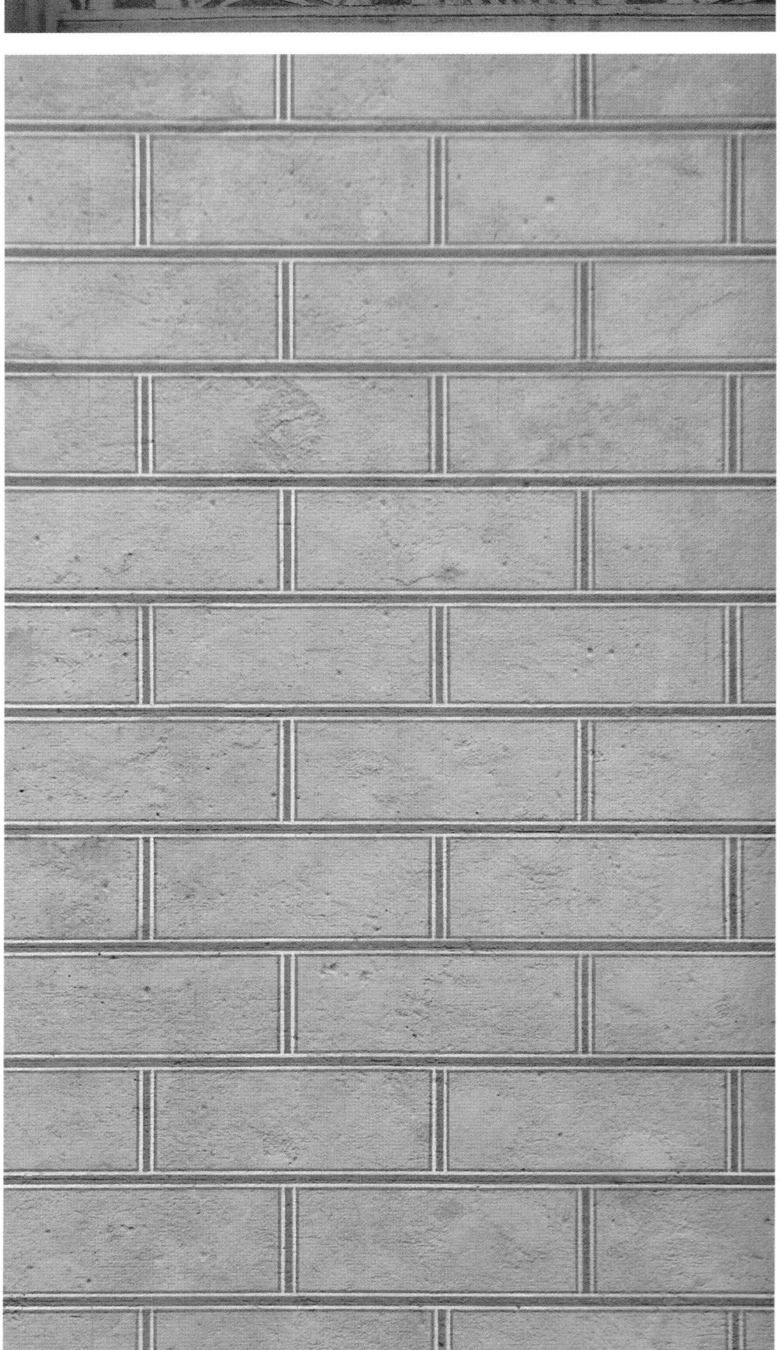

窗

窗：高，大，花窗玻璃

哥特式建筑逐渐取消了台廊、楼廊，增加了侧廊窗户的面积，直至整个教堂采用大面积排窗。这些窗户既高且大，几乎承担了墙体的功能。

哥特式窗户应用从阿拉伯国家学得的彩色玻璃工艺，拼组成一幅幅五颜六色的宗教故事，起到了向不识字的民众宣传教义的作用，也具有很高的艺术成就。花窗玻璃以红、蓝两色为主，蓝色象征天国，红色象征基督的鲜血。

窗棂的构造工艺十分精巧繁复。细长的窗户被称为“柳叶窗”，圆形的则被称为“玫瑰窗”。

MARIAE
NASCENTI

Spielzeugmuseum

门

门：层层推进

哥特式建筑的门层层往内推进，并有大量浮雕，对于即将走入大门的人，仿佛有着很强烈的吸引力。大门上面的尖券层层后退，券面满布雕像，大部分是人物雕像，造型丰富多彩，形态各异，令人目不暇接，层层叠叠，呈递进状。有些门上面尖券和半圆券并用，雕刻和装饰则有明显的罗马古典风格。木门或铁门上的装饰有简单的也有复杂的，简单的则在上面分割成格子状，复杂的则布满波浪花纹状装饰和人物雕像。

HAEC EST DOMVS DEI ET PORTA COELI

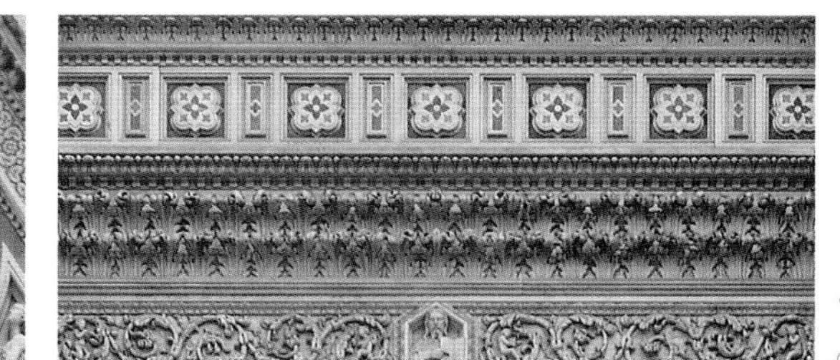

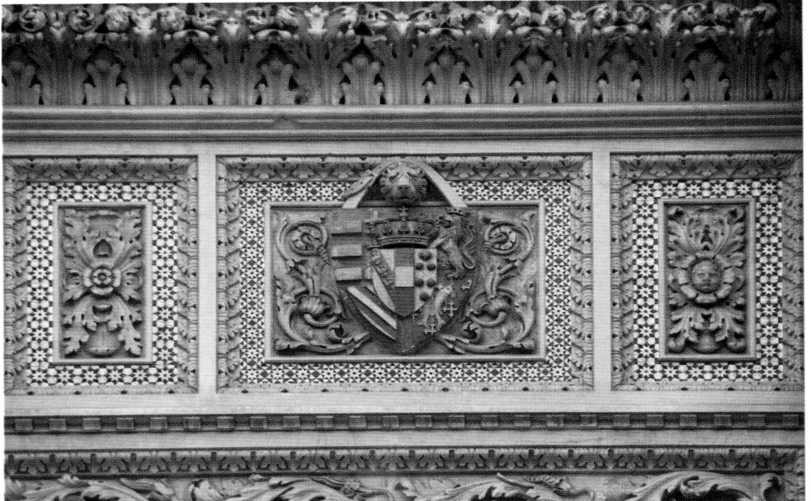

ECCE ANCILLA DOMINI

IC DOMVS DEI EST ET PORT

1610 - 2010
IV CENTENARIO
DELLA
CANONIZZAZIONE
DI S. CARLO BORROMEO

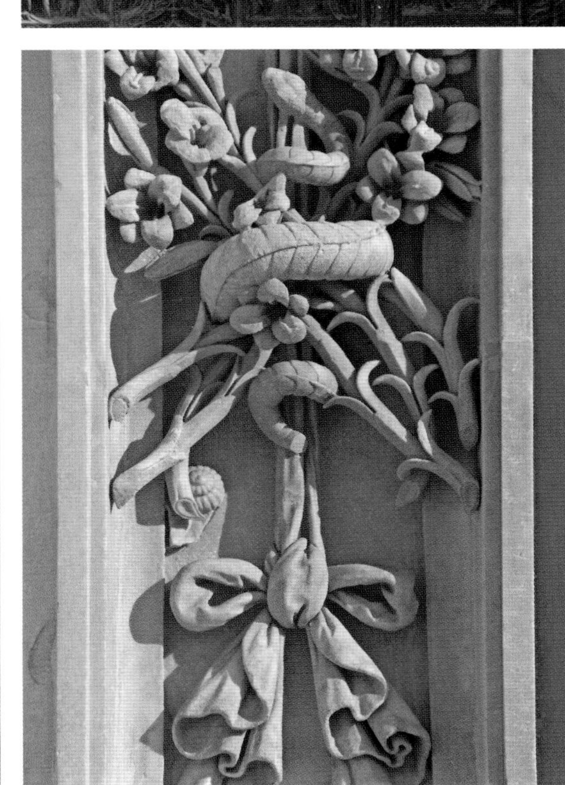

HERBERGE 2010
Marie-Luise Bauerschmidt
Joachim Böttcher
Friedrich Gobbesso
Friedemann Grieshaber
Sabina Grzimek
Thomas K. Müller
Ev Pommer
Franziska Schwarzbach
Berndt Wilde
Friedrich Gobbesso

柱

柱：束柱

哥特式建筑的柱子不再是简单的圆形，而是多根柱子合在一起，强调了垂直的线条，更加衬托了空间的高耸峻峭。有些束柱往往没有柱头，为了增加垂直上升的线条，许多细柱全部塑造成束柱状，从地面向上成放射状直达拱顶，分叉成拱肋，成为肋架，拱顶上出现了装饰肋，拱肋之间相互交错成对称的星形或其他复杂图案。柱子是哥特式建筑的重要部分。哥特式建筑师想到用教堂两侧的廊柱来减轻柱子的压力，以加强对柱子的保护，还发明了“外扶垛”，或者叫“外加支柱”，分担墙柱的压力。

廊

廊：拱廊

哥特式建筑首先运用了尖拱带来的自由发挥空间。不过尖拱因为有几种不同的曲率，即使宽度不同，仍能维持原本的高度，因此拱廊可以有几根柱子靠得近，而拱顶仍然等高的可能。连拱廊也可以很低矮。

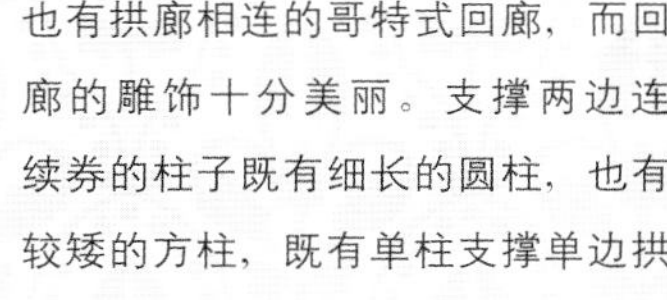

也有拱廊相连的哥特式回廊，而回廊的雕饰十分美丽。支撑两边连续券的柱子既有细长的圆柱，也有较矮的方柱，既有单柱支撑单边拱券，也有双柱或两个以上的束柱支撑，到顶部成肋拱状的拱顶。

拱券

拱券：尖拱，尖券

相对于罗马教堂建筑而言，哥特式建筑用尖拱取代了罗马建筑的半圆形拱。这一基本线条的变化带来了意境的变换：原先厚重阴暗的印象转变成轻快上升的线条。尖拱有比半圆拱更实用的地方在于，它在同样的跨度内可以把拱顶造得更高，而其所产生的侧推力会更小，从而有利于减轻结构；此外，采用尖拱还可以适应多种空间的形状，而半圆形十字拱只能覆盖正方形的空间。

尖券的使用，可以调节起券的角度，使券脚在同一水平线上的不同跨度的拱和券的最高点都可在同一高度上；尖券的侧推力较圆券小，中殿拱顶可比侧廊高许多，可开高侧窗；尖券比圆券更有向上的动势。

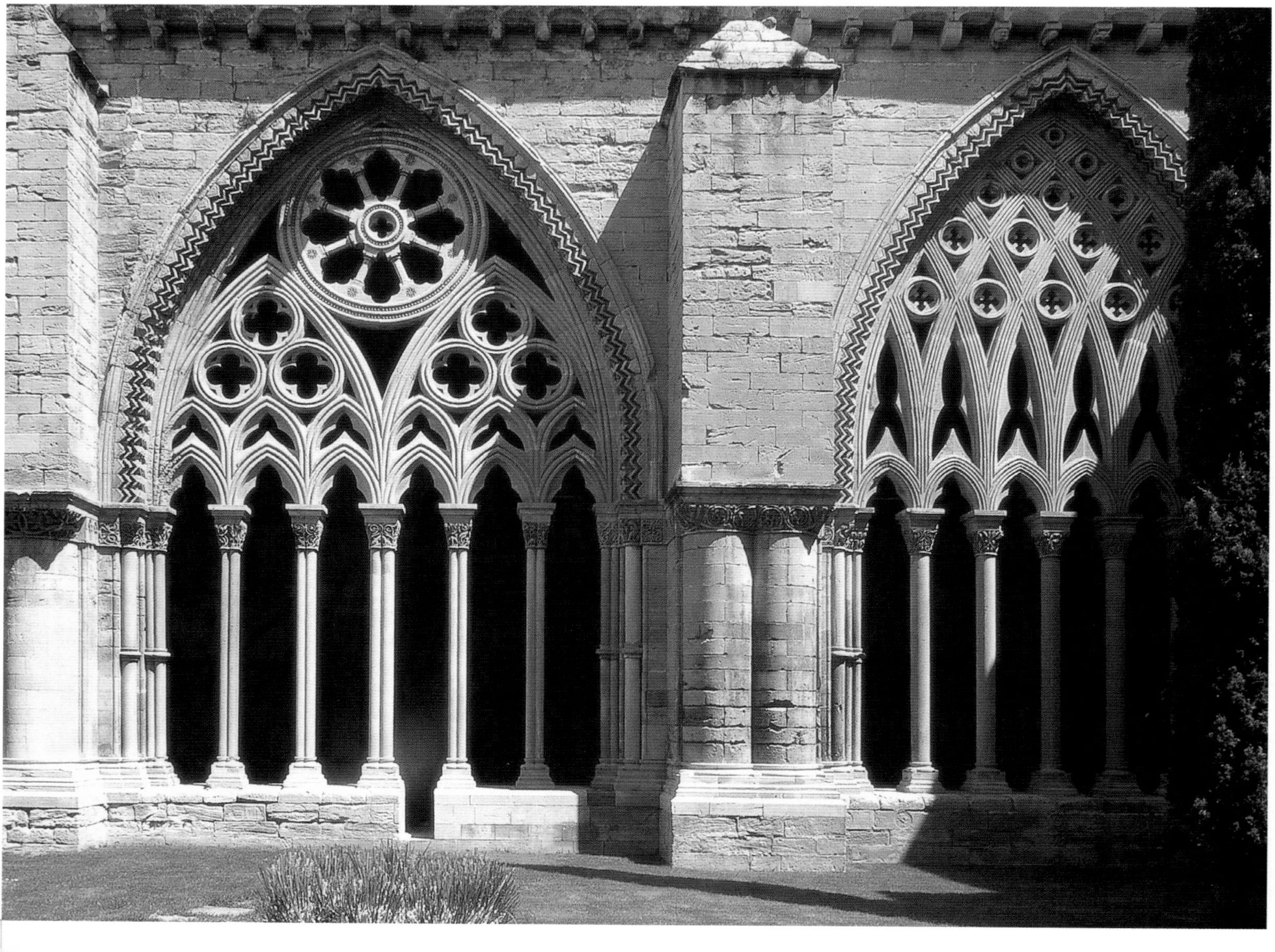

装饰构件

装饰构件：飞扶壁，尖塔，尖券，雕塑，绘画，玻璃彩绘

扶壁，也称扶拱垛，是一种用来分担主墙压力的辅助设施，在罗马式建筑中即已得到大量运用。哥特式建筑把原本实心的、被屋顶遮盖起来的扶壁，都露在外面，称为飞扶壁。由于对教堂的高度有了进一步的要求，扶壁的作用和外观也被大大增强了。有的在扶拱垛上又加装了尖塔改善平衡。扶拱垛上往往有繁复的装饰雕刻，轻盈美观，高耸峭拔。除了在结构上使用尖券，在装饰细部，如华盖、壁龛上也用尖券作主题。哥特式教堂建筑重视外部装饰，雕刻的人物和装饰花纹布满了教堂内外。装饰雕刻则跳出了墙的平面，创造了许多半圆雕和高浮雕。与哥特式建筑一起应运而生的是优美的彩色玻璃窗画。这种画也成为信徒们的圣经。

KRETZ

220
120
300
300

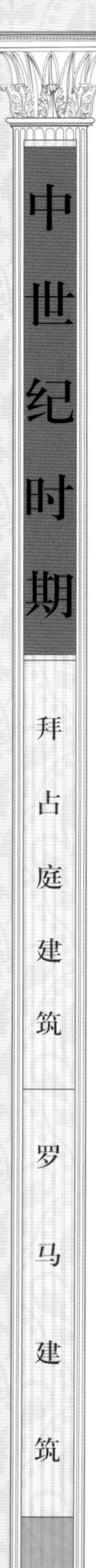
中世纪时期
拜占庭建筑
罗马建筑
哥特式建筑

IHS

室内空间

室内空间：窄长，瘦高

哥特式教堂的平面一般为拉丁十字形，但中厅窄而长，瘦而高，教堂内部导向天堂和祭坛的动势都很强，教堂内部的结构全部裸露，近于框架式，垂直线条统率着所有部分，使空间显得极为高耸，象征着对天国的憧憬。法国的教堂内部特别是中厅高耸，有大片彩色玻璃。而英国的则中厅较矮较深，两侧各有一侧厅，横翼突出较多，而且有一个较短的后横翼，可以容纳更多的教士。德国教堂的中厅和侧厅高度相同，既无高侧窗，也无飞扶壁，完全靠侧厅外墙瘦高的窗户采光。

中世纪时期
拜占庭建筑
罗马建筑
哥特式建筑

中世纪时期
拜占庭建筑
罗马建筑
哥特式建筑
·192·

文艺复兴是14世纪在意大利城市兴起，16世纪在欧洲盛行的一个思想文化运动。文艺复兴时的艺术家们以恢复到希腊—罗马时期的风格为己任。西方史学家因此认为它是古希腊、罗马帝国文化艺术的复兴。

文艺复兴以人文主义为核心，主张以个人作为衡量一切事物的尺度。人文主义者重视人的价值，提倡个性与人权，主张个性自由，反对天主教的神权；主张享乐主义，反对禁欲主义；提倡科学文化，反对封建迷信。这一时期的艺术歌颂了人体的美，主张人体比例是世界上最和谐的比例，并把它应用到建筑上，标榜理性以取代神祇。这时兴起了以结构匀称和布局整齐为特征的建筑思潮。在这种思潮的影响下，长期被弃用的那些严谨的古典柱式重新成为控制建筑布局和构图的基本要素，长达千年之久的古典柱式和圆拱结构再次得到流行和升华。

文艺复

受文艺复兴的影响，17～18世纪在意大利发展起来一种建筑和装饰风格——巴洛克建筑。它既有宗教的特色又有享乐主义的色彩；它打破了理性的宁静和谐，具有浓郁的浪漫主义色彩；它又极力强调运动，关注作品的空间感和立体感，同时又强调艺术形式的综合手段。虽然大量地继承了文艺复兴建筑的穹顶、各种立柱和柱顶盘等，但巴洛克建筑师在使用这些单元时所表现的自由度却达到了前所未有的境界，从而给人以耳目一新、运动、富丽和可亲近的感觉。

17世纪时，君主政体民族国家开始建立，资本主义渐趋发展的历史阶段产生了一种文艺思潮，即古典主义。它以17世纪的法国发展得最为完备，也出现于英国、德国、俄罗斯，在欧洲曾居支配地位。它由于学习古代，崇尚古代，模仿古代，以古代的希腊、罗马艺术为典范而得名。在建筑领域，设计中以古典柱式为构图基础，突出轴线，强调对称，注重比例，讲究主从关系。

兴时期

文艺复兴建筑

文艺复兴建筑是15世纪起源于意大利佛罗伦萨，后流行于欧洲的建筑风格。当时环地中海贸易繁荣，造就了一些富裕贸易城市。在这些城市中，商业资本的庞大力量使得罗马帝国以后世俗力量和宗教力量的对比首次向世俗方向倾斜。市政厅，或者交易所，以至为商业贵族营造的别墅等世俗建筑大量出现，在社会中也真正地出现了建筑师这个行业。

文艺复兴建筑大致可分为三个时期：以佛罗伦萨的建筑为代表的文艺复兴早期（15世纪），以罗马的建筑为代表的文艺复兴盛期（15世纪末至16世纪上半叶）和文艺复兴晚期（16世纪中叶 和末叶）。

文艺复兴建筑最明显的特征是扬弃了中世纪时期的哥特式建筑风格，而在宗教和世俗建筑上重新采用古希腊罗马时期的柱式构图要素。

文艺复兴时期的建筑师和艺术家们认为，哥特式建筑是基督教神权统治的象征，而古代希腊和罗马的建筑是非基督教的。他们认为这种古典建筑，特别是古典柱式构图体现着和谐与理性，并同人体美有相通之处，这些正符合文艺复兴运动的人文主义观念。

他们一方面采用古典柱式，一方面又灵活变通，大胆创新，甚至将各个地区的建筑风格同古典柱式融合一起。他们还将文艺复兴时期的许多科学技术上的成果，如力学上的成就、绘画中的透视规律、新的施工机具等，运用到建筑创作实践中去。

在文艺复兴时期，建筑类型、建筑形制、建筑形式都比以前增多了。建筑师在创作中既体现统一的时代风格，又十分重视表现自己的艺术个性。总之，文艺复兴建筑，特别是意大利文艺复兴建筑，呈现空前繁荣的景象，是世界建筑史上一个大发展和大提高。

文艺复兴建筑的典型实例有佛罗伦萨主教堂、梵蒂冈圣彼得大教堂、意大利佛罗伦萨美第奇府邸、维琴察圆厅别墅等。

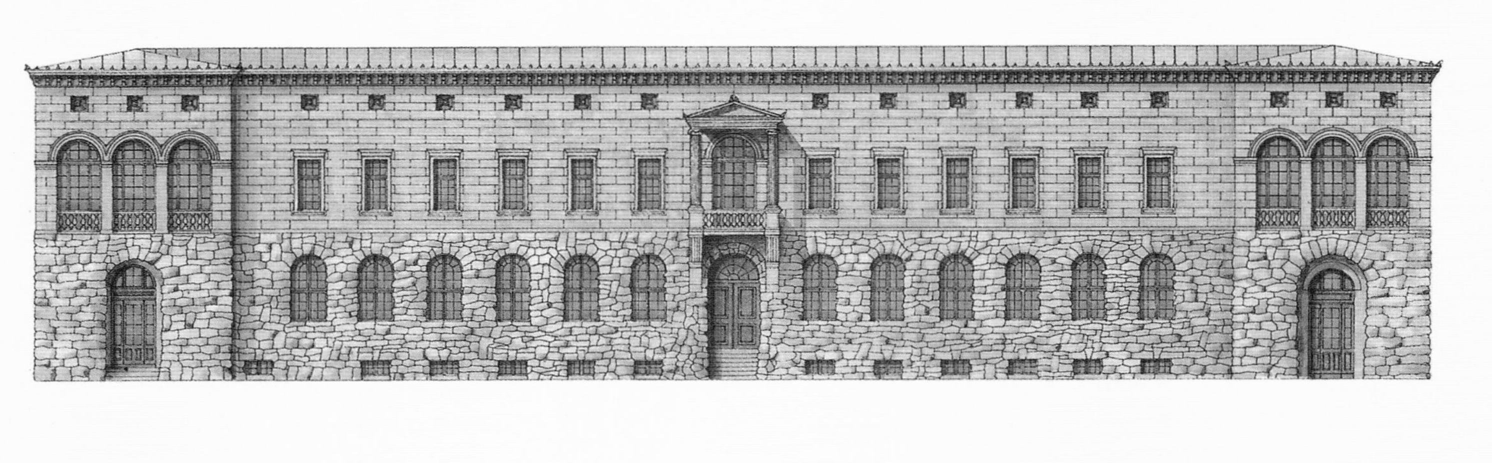

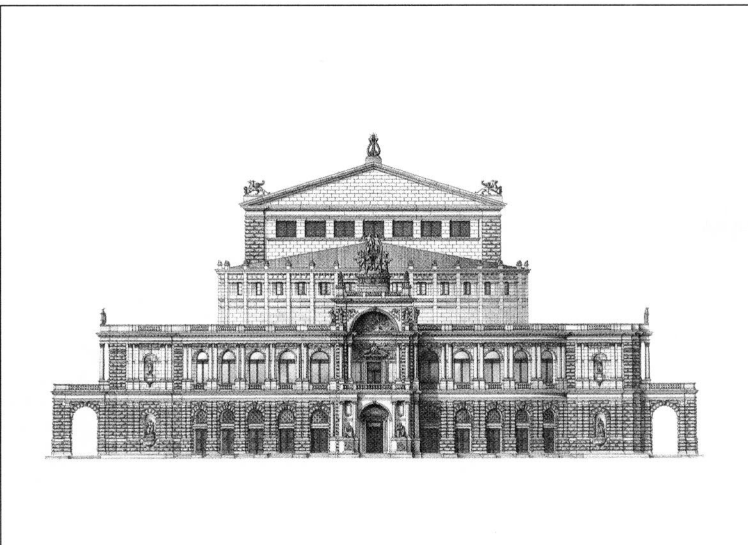

PIVS·VI·PONT·MAX

屋 顶

屋顶：穹顶

人文主义理论认为，人体是“匀称”的完美典范，人体四肢伸开所形成的方圆构成最美好的比例和几何形状。而在建筑上，集中式和穹顶结构就是方和圆的最完满的结合。文艺复兴建筑大量使用巨大的穹顶，气势宏大。大穹顶屋顶突破了教会的禁制，因为集中式和穹顶建筑一直被天主教视为异教庙宇的形制。大穹顶因坐落在一个高高的鼓座上而得以全部暴露出来，因而显得极为突出和完美（古罗马和拜占庭的穹顶多半没有鼓座，因而显得半露半隐），这种结构和形象在西欧是史无前例的。而府邸建筑因为在平面上通常为方形，成四合院的形式，故屋顶不是穹顶状，而是平顶的形式。在顶的下面还有山墙及拱券装饰，既有美观效果，也起到支撑的作用。

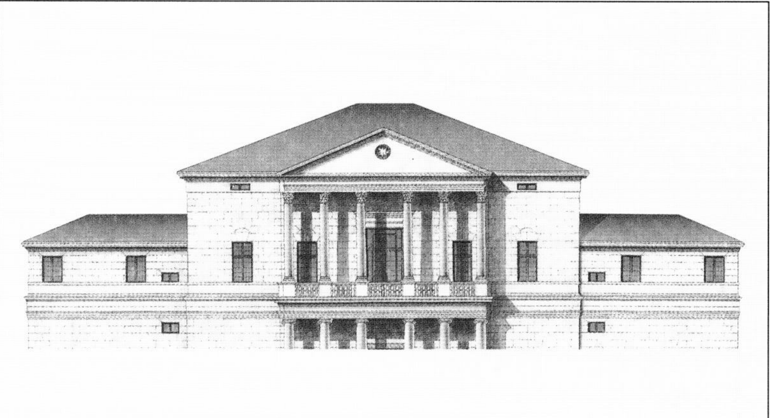

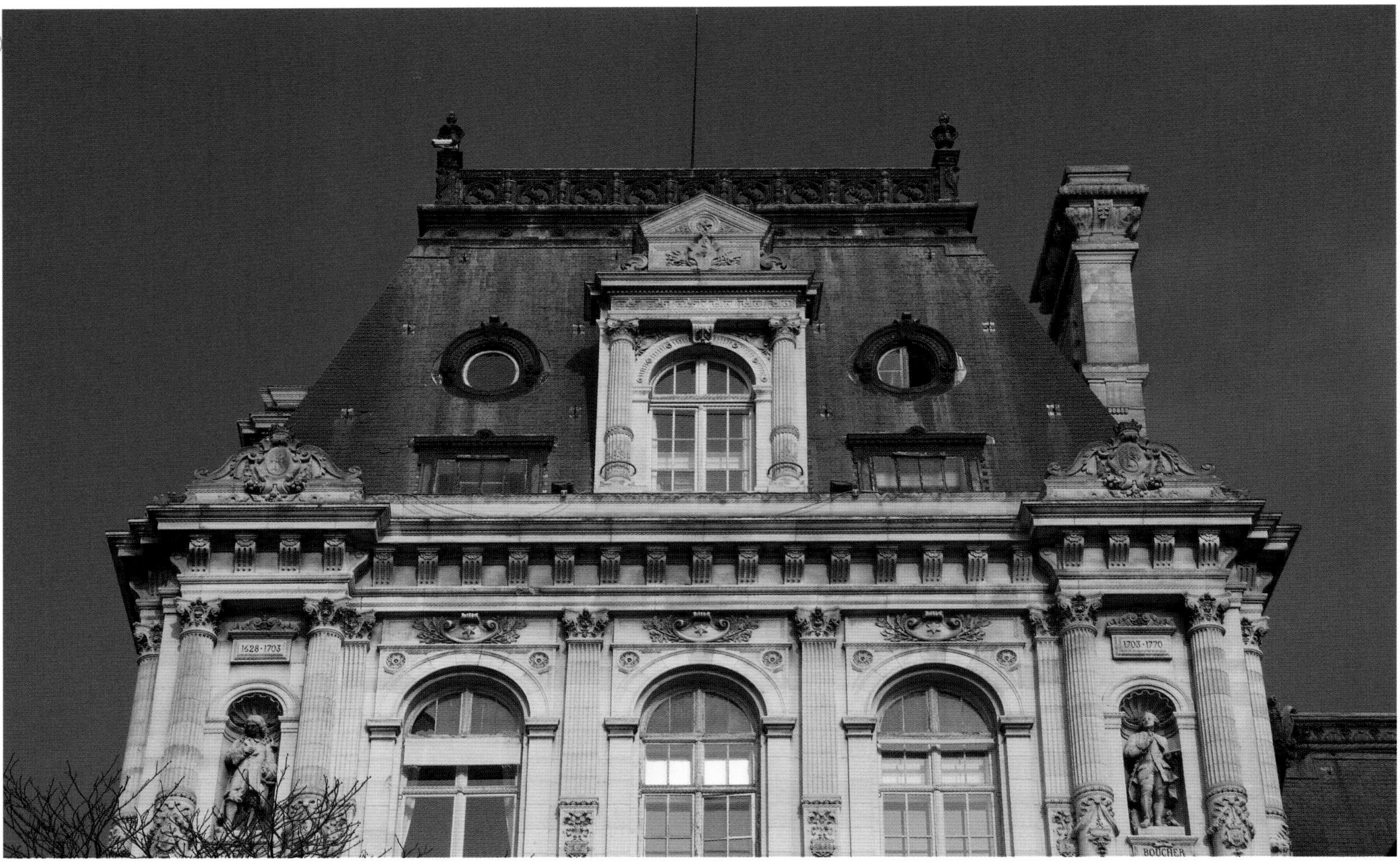
1628·1703
1703·1770
BOUCHER

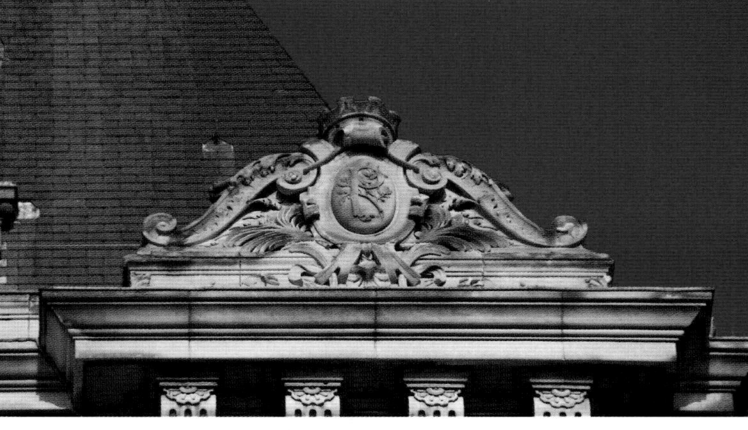

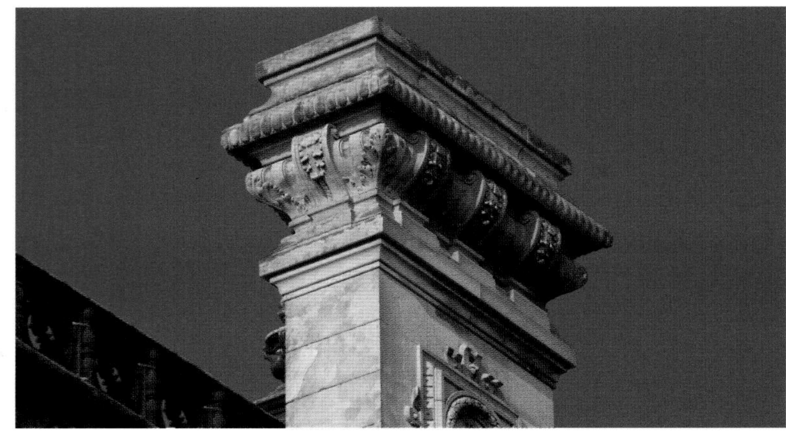

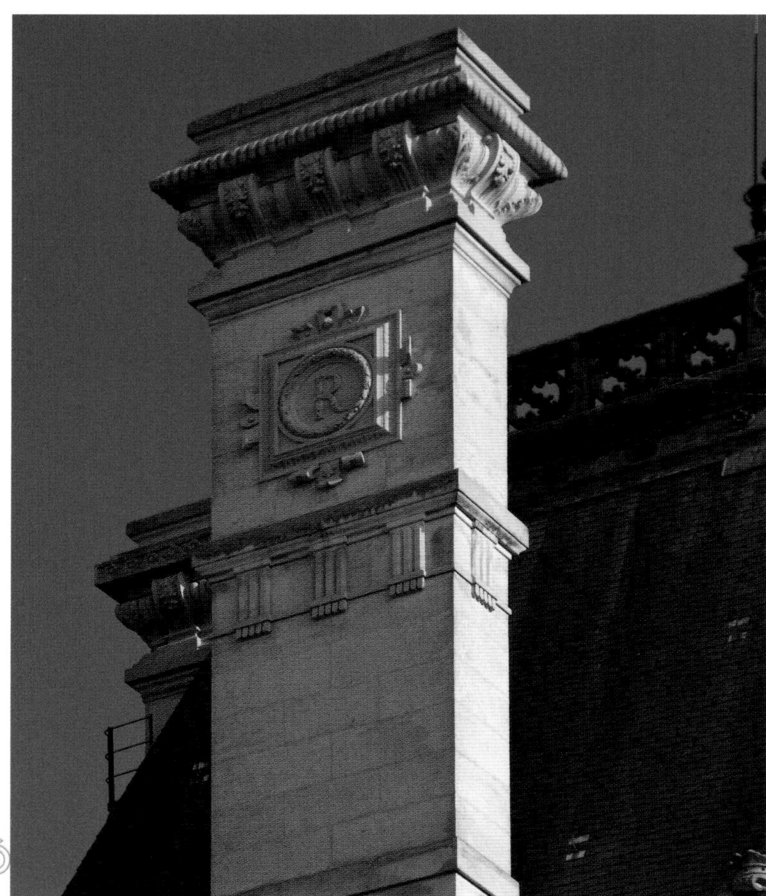

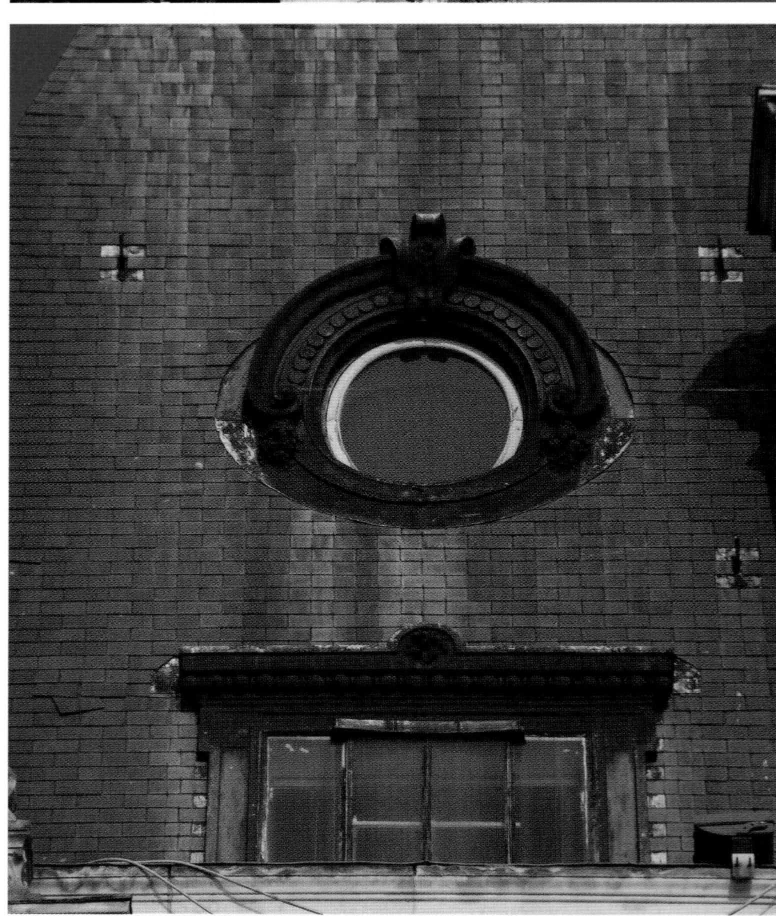

FILIPPO BRUNELLESCHI
LA CUPOLA DI S. MARIA DEL FIORE A FIRENZE 1420-1468

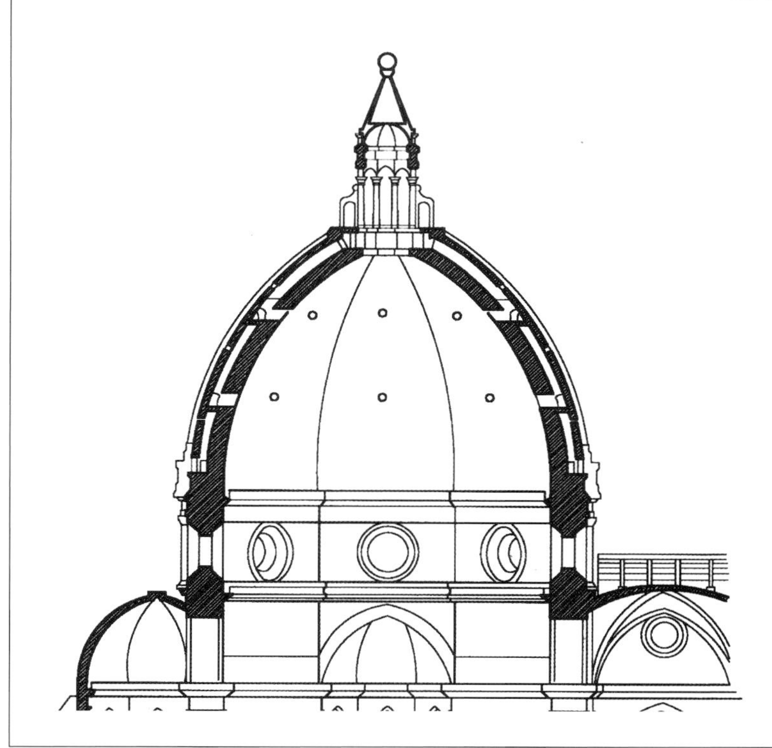

GENERALI

N
S

墙

墙：石材，砖

文艺复兴建筑墙体厚实，大型建筑外墙用石材，内部用砖，或者下层用石、上层用砖砌筑；底层多采用粗拙的石料。外墙颜色古朴，一般呈灰白色，在墙上也会配上简单的线条装饰，很多柱子也是贴在墙面上，使整个墙面大气沉稳。

作为世俗建筑代表的府邸建筑，其中代表之一的意大利美第奇府邸，第一层墙面用粗糙的石块砌筑；第二层用平整的石块砌筑，留有较宽较深的缝；第三层也用平整的石块砌筑，但砌得严丝合缝。这种处理方法，增强了建筑物的稳定性和庄严感，为后来的这类建筑所效仿。

窗

窗：方形或半圆拱形

文艺复兴建筑的窗户为方形或半圆拱形，不再是尖拱形。有些窗的底层多采用粗糙的石料，故意留下粗糙的砍凿痕迹。很多窗户上下或左右成对，分割成许多小网格，为中央对称窗。方形窗较简单，周围会配上简洁的线条装饰，有些在上面还有圆形的窗洞及三角形山墙，玻璃上绘上圆形装饰，有些边上有人物雕像，几个一组，下面有底座支撑。拱形窗相比方形窗，装饰较丰富，窗户两边有圆柱支撑顶部的圆拱，拱券和柱子上刻有装饰，如花纹和涡卷装饰。在拱券上面有的也会有人物雕像，如对称的天使雕像倚在拱券上，使整个窗户动感十足。

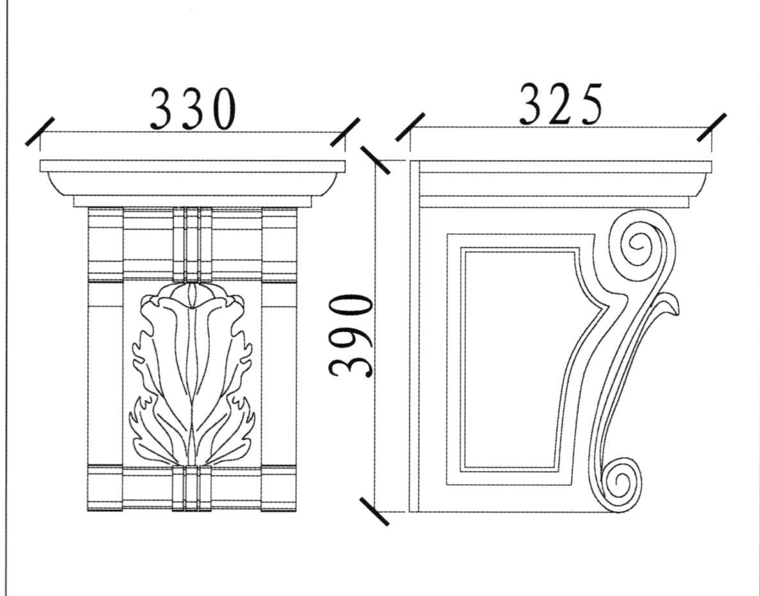

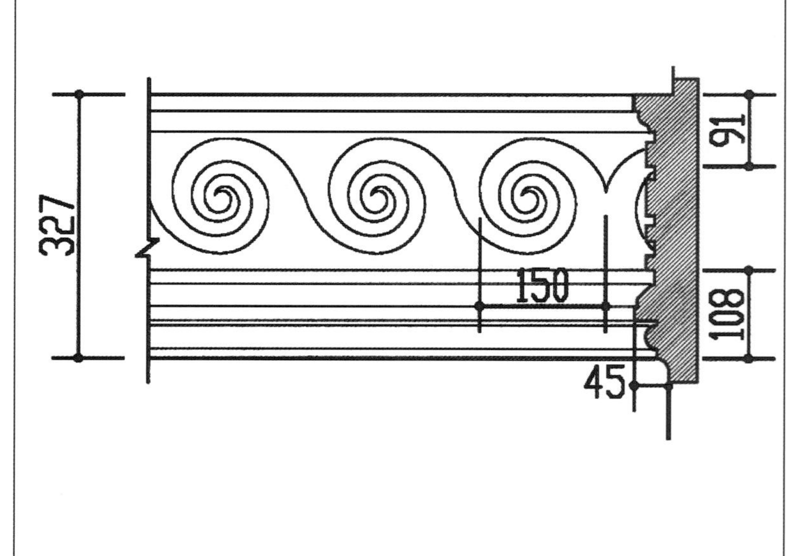

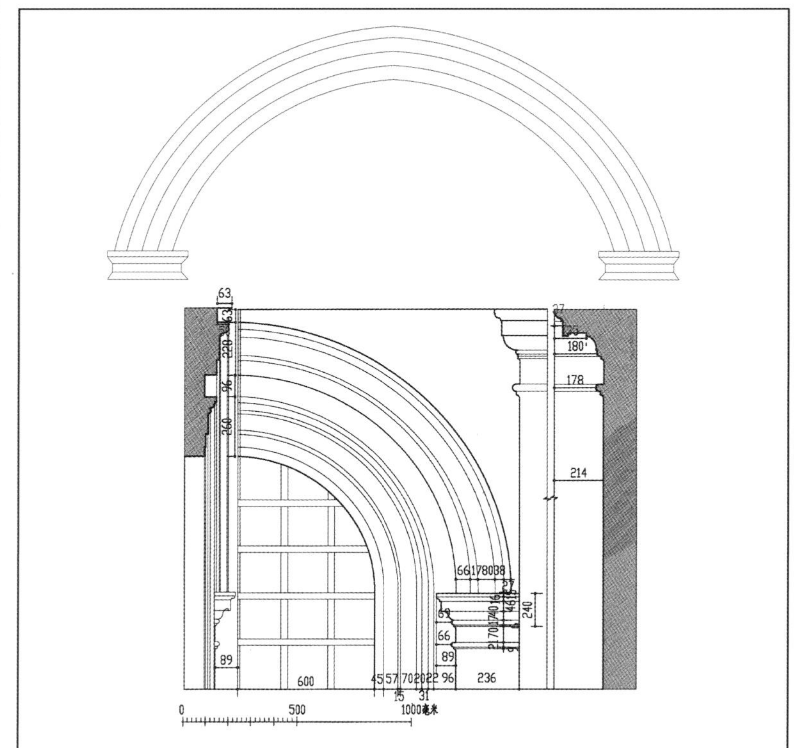
63
63
220
96
260
27
180
178
214
66178038
240
66
89
89
600
45 57 70 20 22 96
236
15
31
0
500
1000毫米

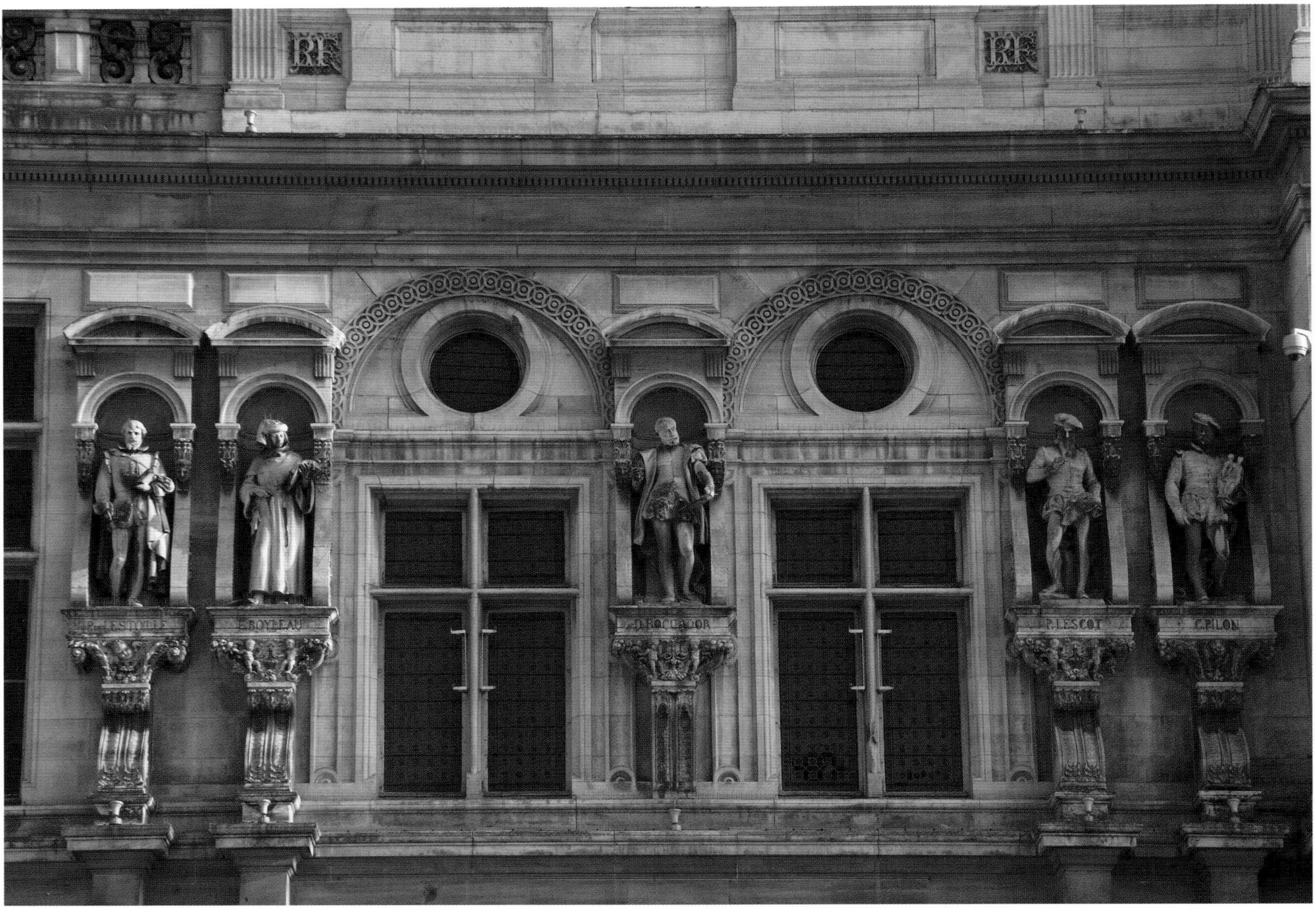
RF
RF
P.LESCOT
G.PILON

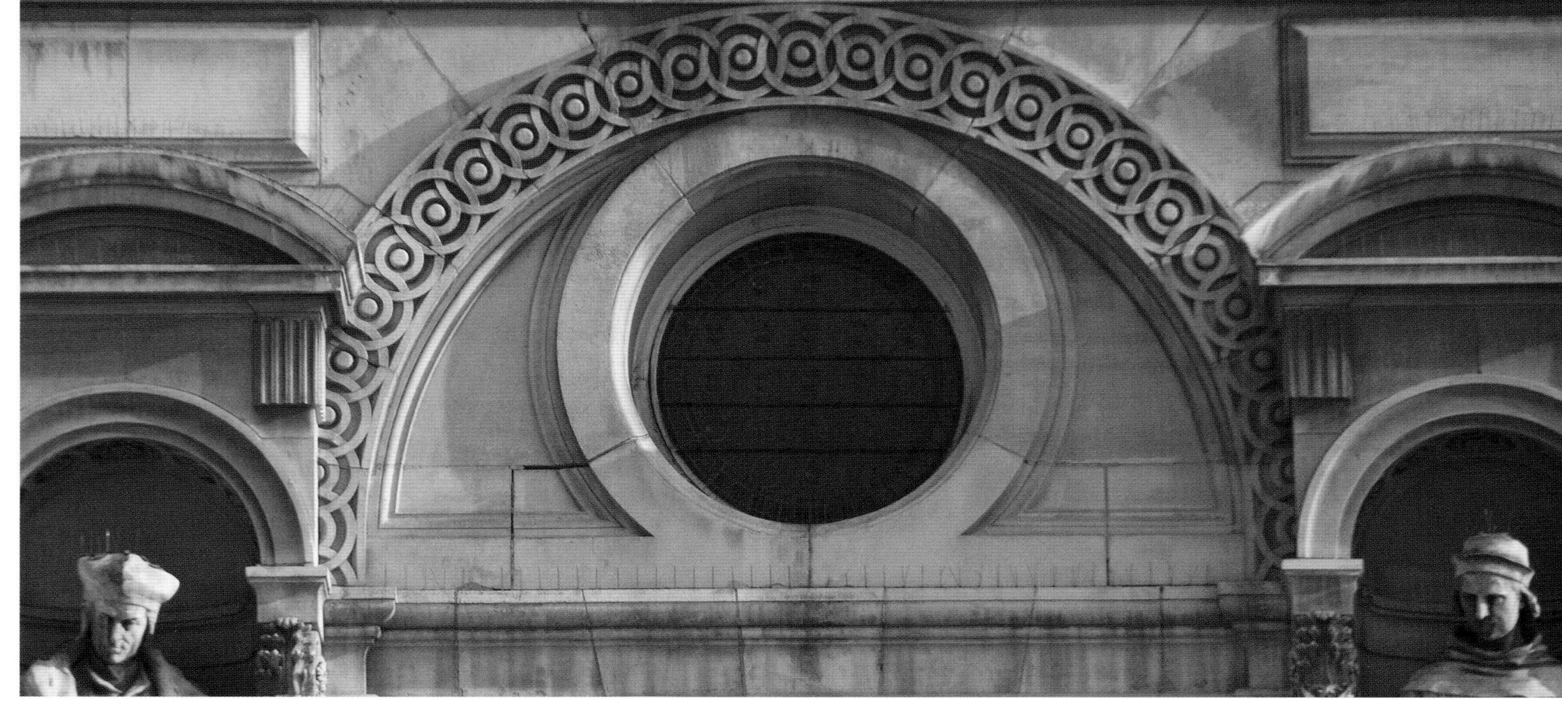

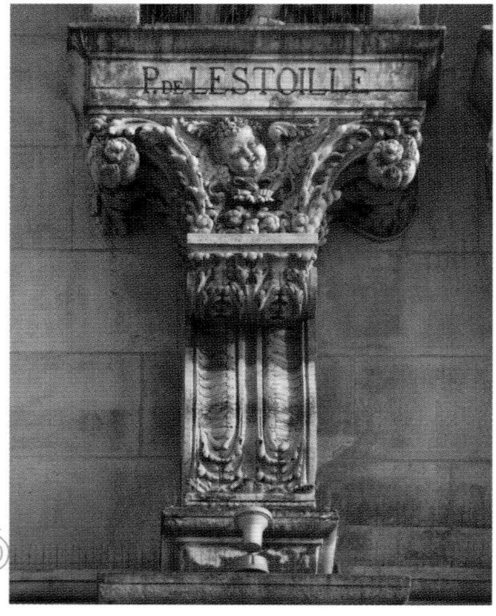

P.DE LESTOILLE

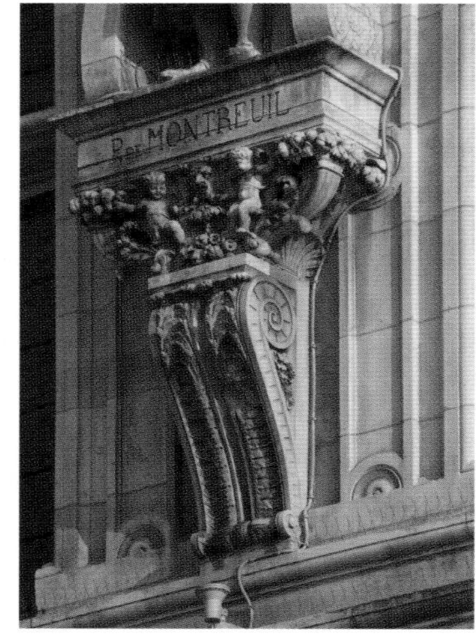

P.DE MONTREUIL

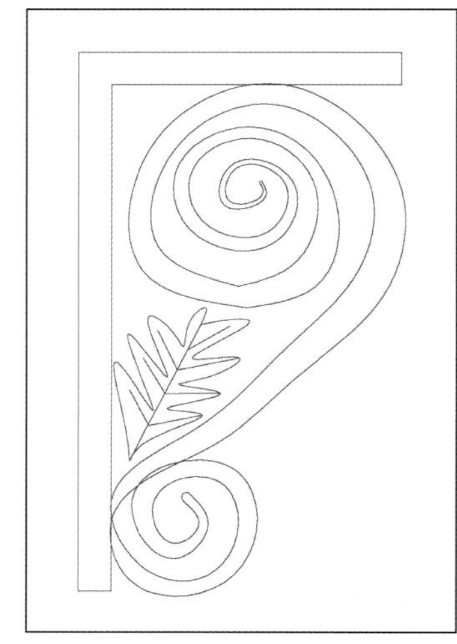

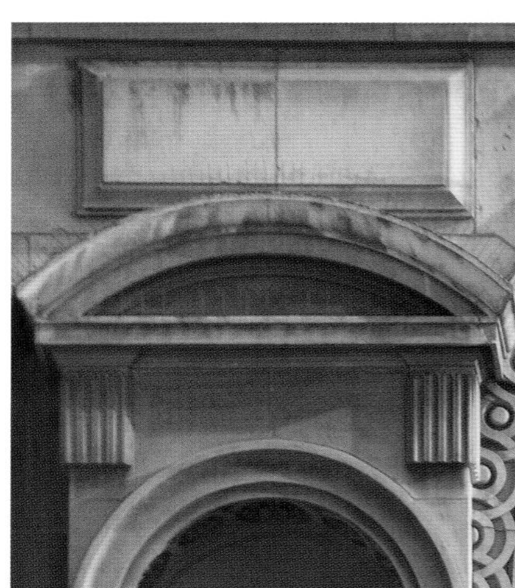

C.PILON

LAVOISIER

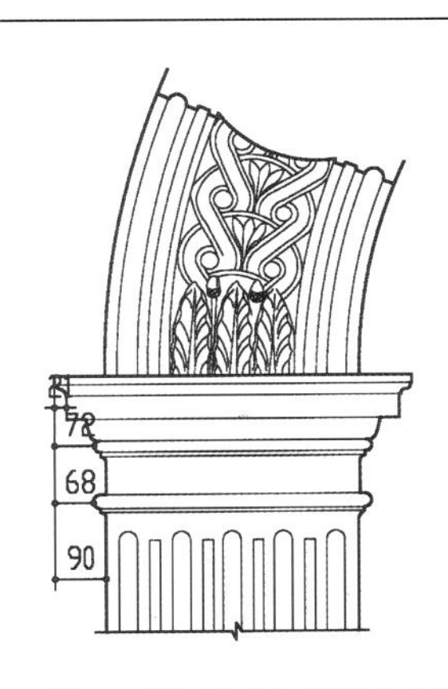
72
68
90

INCIPIS·APOST PAVLVS·V·BVRGHESIVS·ROMANVS PONT·MAX·AN·

SPQR
TALE

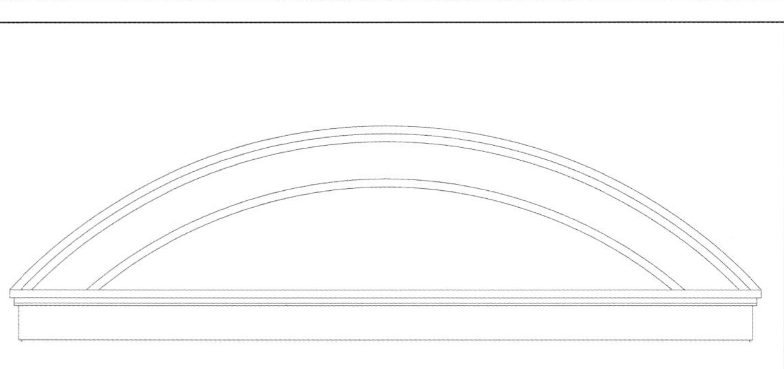

musei in comune
ROMA
Musei Capitolini

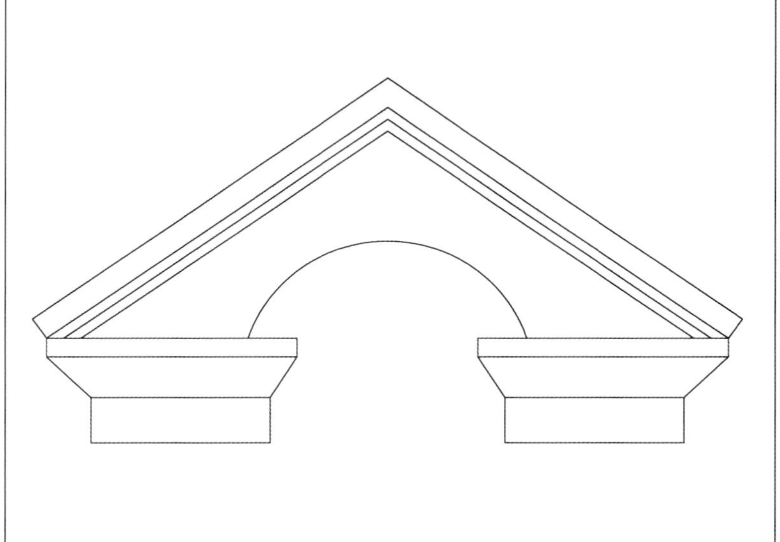

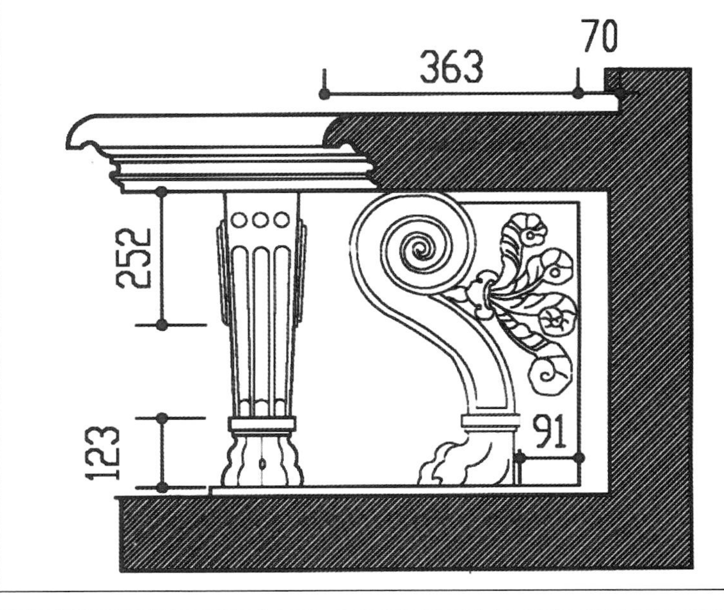
363
70
252
123
91

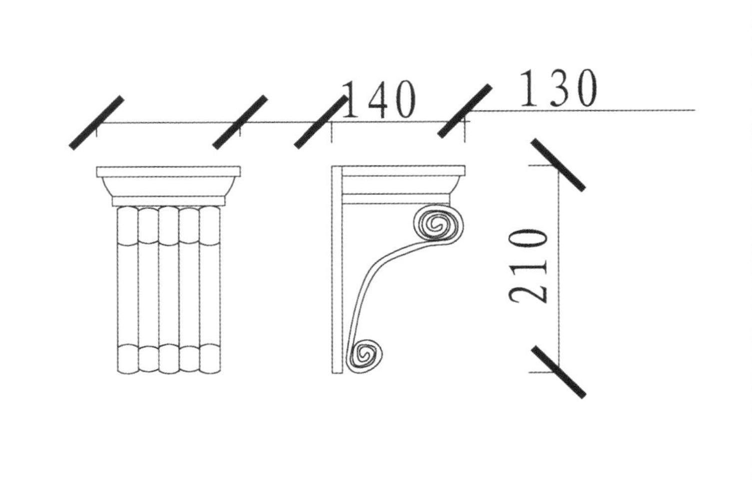
140
130
210

IA ET PIOR ELEMOSYNIS ADIVTA MINIMOR

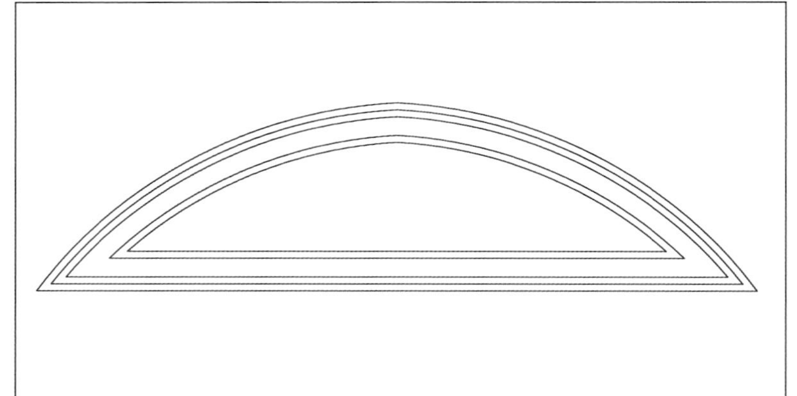

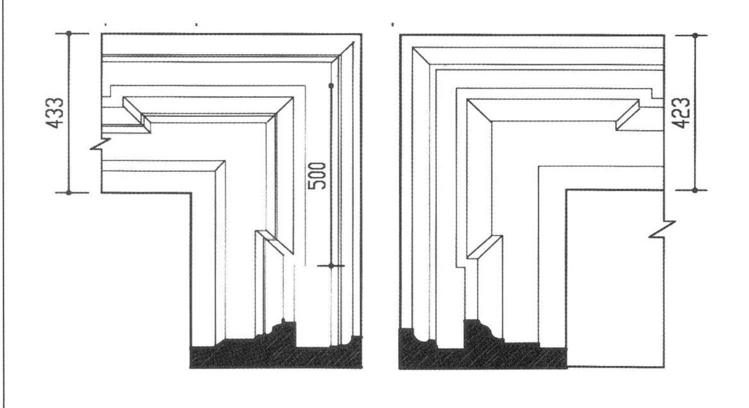
433
500
423

门

门：方形或半圆拱形

文艺复兴建筑的门为方形或半圆拱形，不再是尖拱形。教堂建筑的每扇门往往都有名字，代表不同的含义，从哪扇门进入也有不同的寓意。门周围的装饰也比较丰富。在很多建筑的正面，往往不只一扇门，二十几扇门并排，在整排门的上面有一个大拱券，下面以科林斯式巨柱支撑，而在每扇门的上面，又分别有三角形山墙和半圆形装饰，里面有人物绘画或雕刻，周围布满山花和涡卷装饰。文艺复兴建筑的门有木门，也出现了铁艺门，有花朵状的，也有涡卷状的，还有简单的方格状的，整体看上去颇具艺术感。

ET PIOR·ELEMOSYNIS·ADIVTA·MINIM

OR·ELEMOSYNIS·ADIVTA·MINIM

2030
7310
0 1 2 3 4 5 6 7 8米

DER SIEG, DER DIE WELT
UEBERWUNDEN HAT.

CH ALLE TAGE BIS AN
DER WELT ENDE.
UNSER GLAUBE IST
DER SIEG, DER DIE WELT
UEBERWUNDEN HAT.

CLEMENTI VIII PONT MAX
POST GALLIAE REGNVM RECONCILIATO REGI
HENRICO IV CONSTITVTVM
PANNONIAM ARMIS AVXILIARIBVS SERVATAM
STRIGONIVM A TVRCAR TYRANNIDE VINDICATVM
RVTHENOS ET AEGYPTIOS RO EC RESTITVTOS
PACEM COMPOS TIS REGVM MAXIMOR DISCORDIIS
CHRISTIANAE REIP REDDITAM
FERRARIAM PETRI ALDOBRANDINI CARD DVCTV
FERRO INCRVENTO RECEPTAM
SANCTISSIMAQ PRAESENTIA CONSTABILITAM
OPTATO REDITV IN VRBEM PVB HILARITATIS
SECVRITATISQ REDVCTORI

PACEM COMPOS TIS REGVM MAXIMOR DISCORDIIS
CHRISTIANAE REIP REDDITAM
FERRARIAM PETRI ALDOBRANDINI CARD DVCTV
FERRO INCRVENTO RECEPTAM
SANCTISSIMAQ PRAESENTIA CONSTABILITAM
OPTATO REDITV IN VRBEM PVB HILARITATIS
SECVRITATISQ REDVCTORI

SANCTISSIMAQ·PRAESENTIA CONSTABILITAM
OPTATO REDITV IN VRBEM PVB·HILARITATIS
SECVRITATISQ· REDVCTORI
MART·CAPELLETTVS
REATINVS
SENATOR
OPTIMO PRINCIPI
DEVOTVS
M·D·XCVIII

PAVLVS·V·PONT·MAX·A·X

PIO·VII·CLARAMONTIO·CAESENATI·PONTIFICI·MAXIMO·
HERCVLES·CARD·CONSALVI ROMANVS·AB·EO·CREATVS·

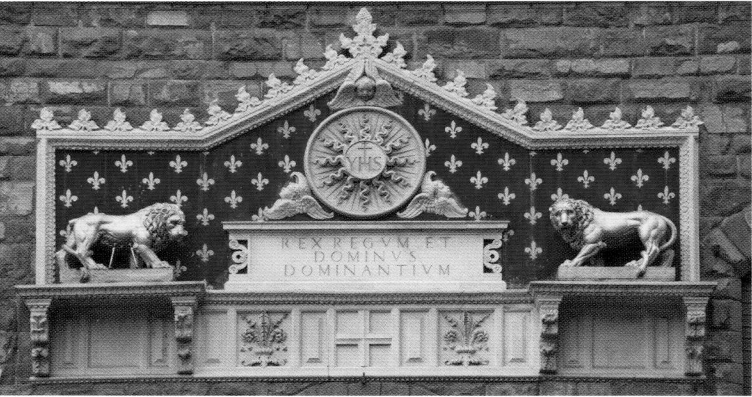

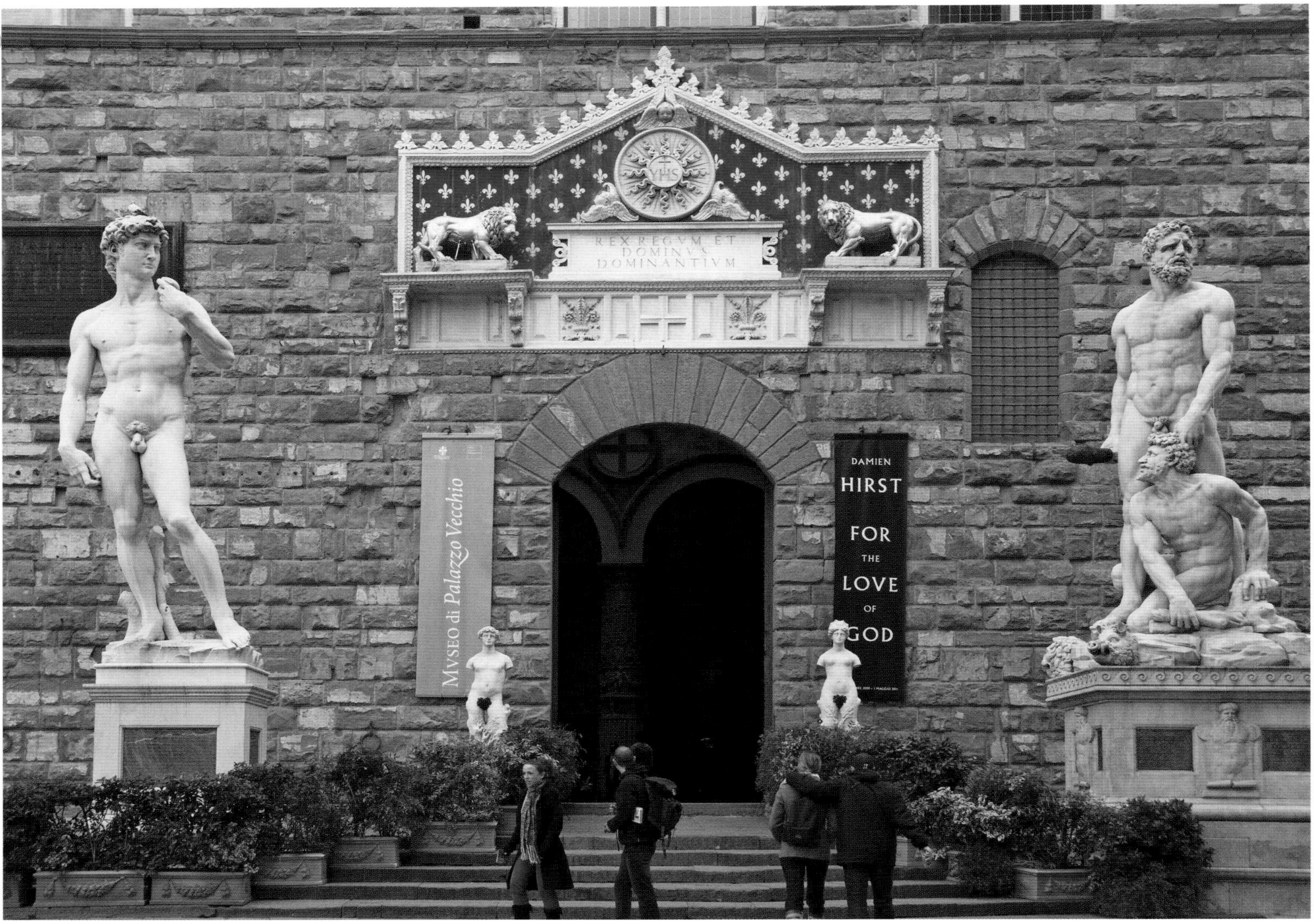
REX REGVM ET
DOMINVS
DOMINANTIVM
MVSEO di Palazzo Vecchio
DAMIEN
HIRST
FOR
THE
LOVE
OF
GOD

REX REGVM ET
DOMINVS
DOMINANTIVM

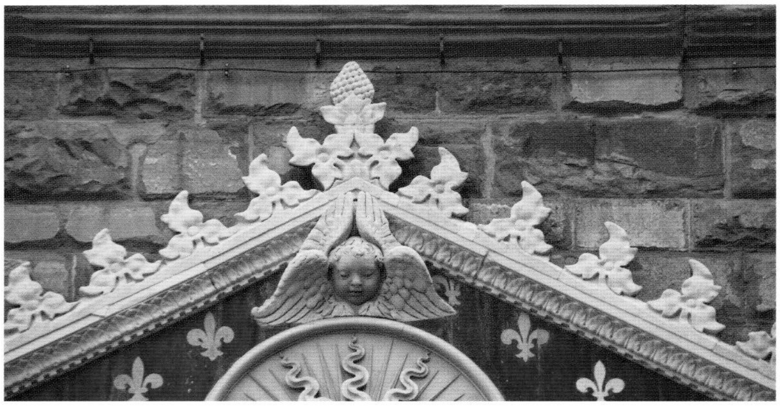

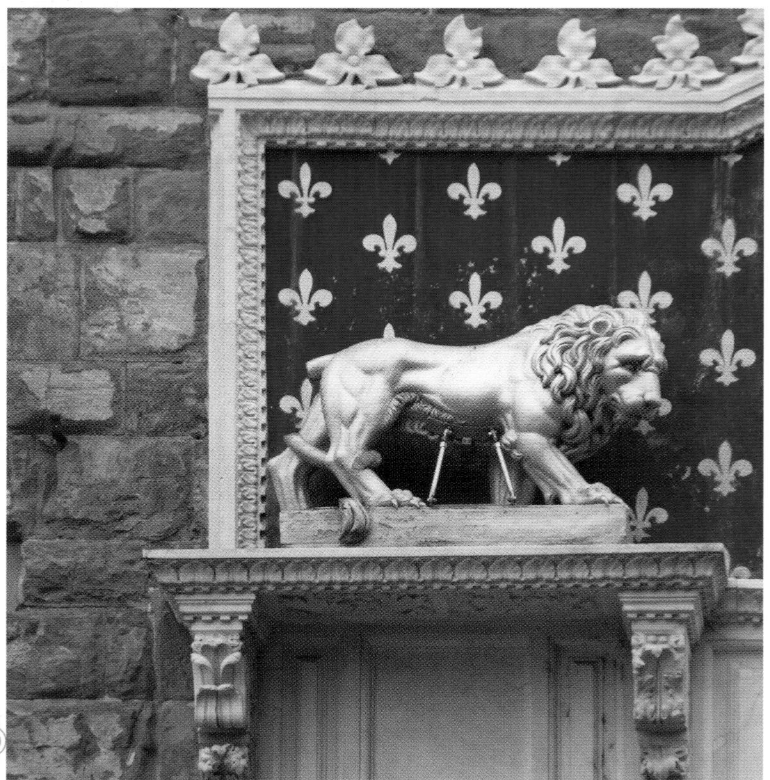

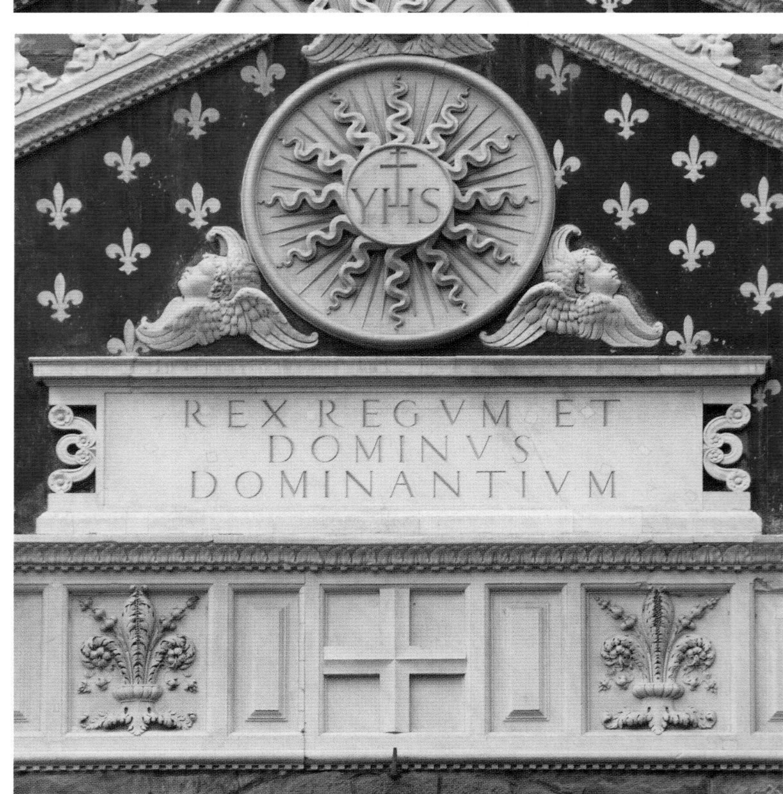

YHS
REX REGVM ET
DOMINVS
DOMINANTIVM

5800
1680

柱

柱：继承和变通古典柱式

文艺复兴建筑回到了古典柱式，立柱与柱顶的每一种结合都根据已有的规则设计，由柱基、柱身和柱头组成的立柱支撑着柱顶部分。柱顶部分自下而上依次由过梁、雕带和排檐组成。每一柱式的这几部分都有不同的造型。

15世纪的建筑基本上只使用了5种古典柱式中最华美的两种——科林斯式和组合式，其鲜明的特色表现在精巧的柱间和莨苕叶型设计上。

16世纪，虽然人们严格地依照古典柱式，但在柱式选择上仍有较多的自由。16世纪的府邸建筑的外墙立面逐渐采用古典柱式，在主体水平线条的框架内，叠柱式壁柱将立面分割成大小一致的矩形。

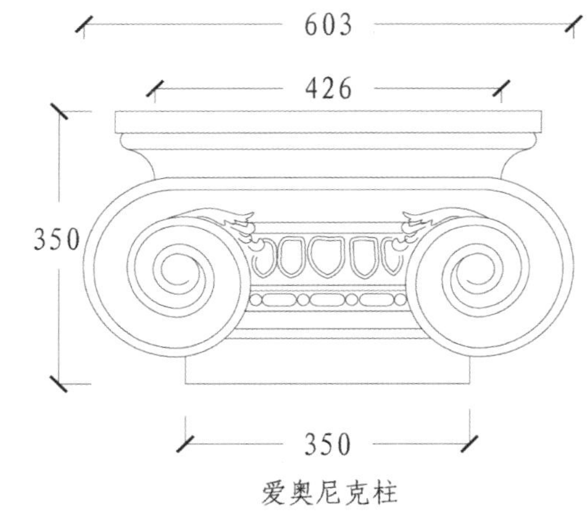

爱奥尼克柱

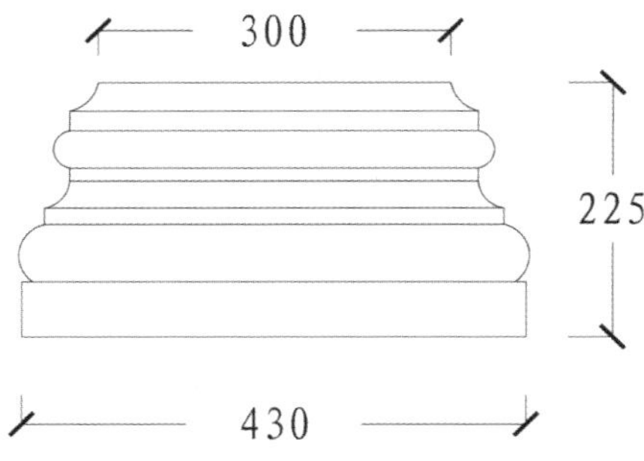

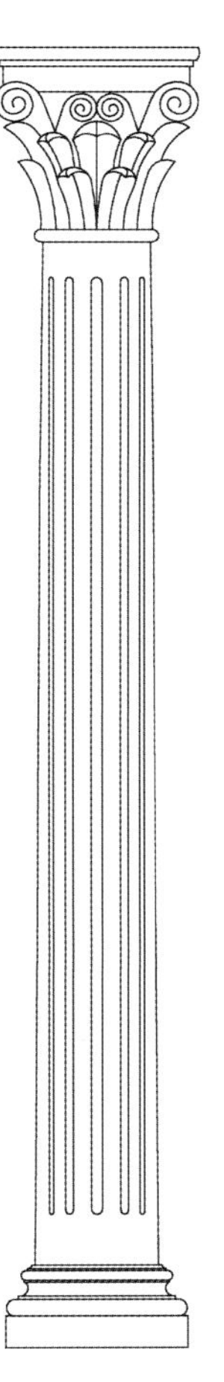

Φ15H220

Φ18H220

Φ20H220

Φ22H220

Φ25H220

Φ28H220

Φ30H220

Φ35H220

1703 · 1770
BOUCHER

1703 · 1770

LAVOISIER

科林斯柱

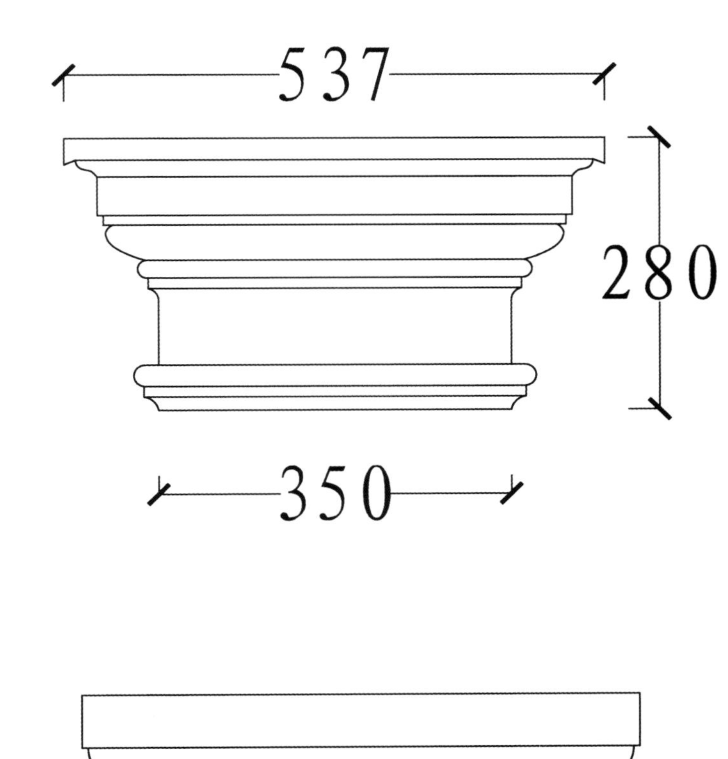
537
280
350

L^A ROCHEFOUCAULD
1810 · 1857
A. DE MUSSET

1810 · 1857

A. DE MUSSET

1714 · 1785
PIGALLE

1714 · 1785

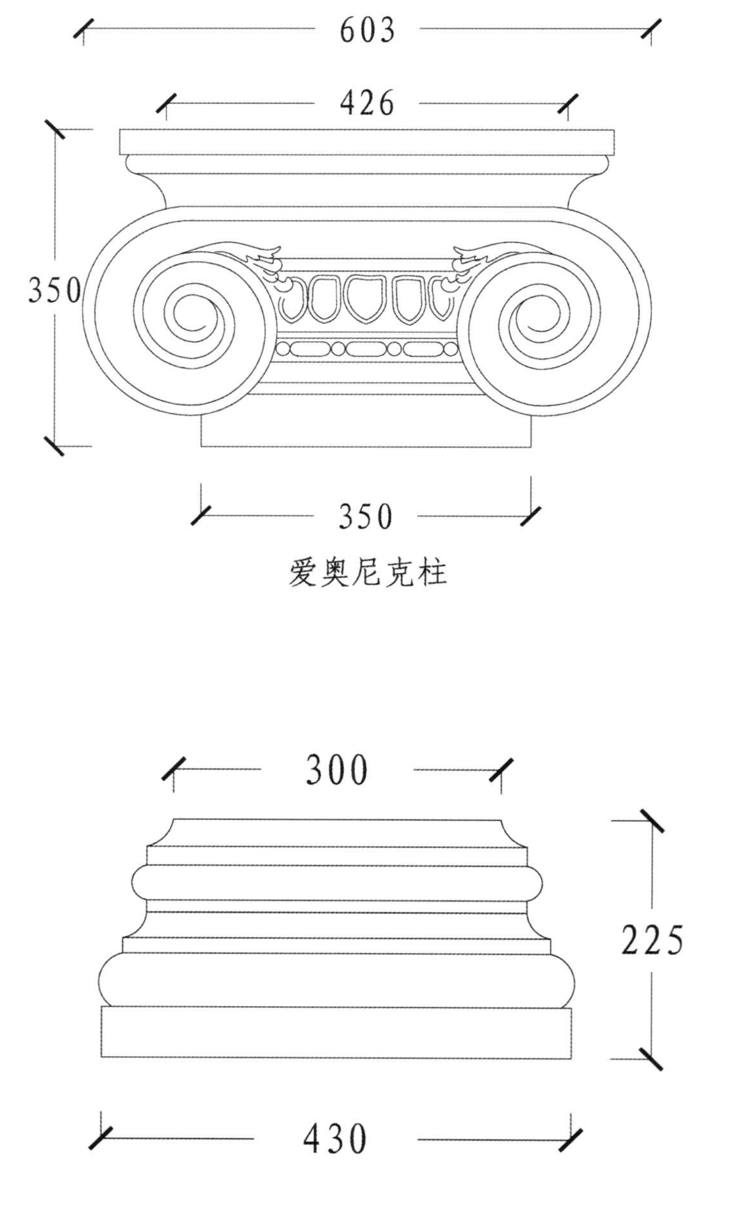

爱奥尼克柱

廊

廊：柱廊

文艺复兴建筑的走廊由一排排高大整齐的石柱构成，看起来高大雄伟。而柱子一般是多立克柱。体量虽不大，但饱满有力，并注意表现建筑物的雕刻感和体积感。有些廊的顶部为拱顶，布满精美的装饰。也会采用更加古典纯净的筒形拱顶构造，拥有宏大气势。在廊的入口处顶端为三角形山墙，整个廊的顶部也有一列列的人物雕像。建筑外的楼梯用简单的石块铺砌，旁边配上花瓶状栏杆，与文艺复兴建筑的整体风格相搭配。

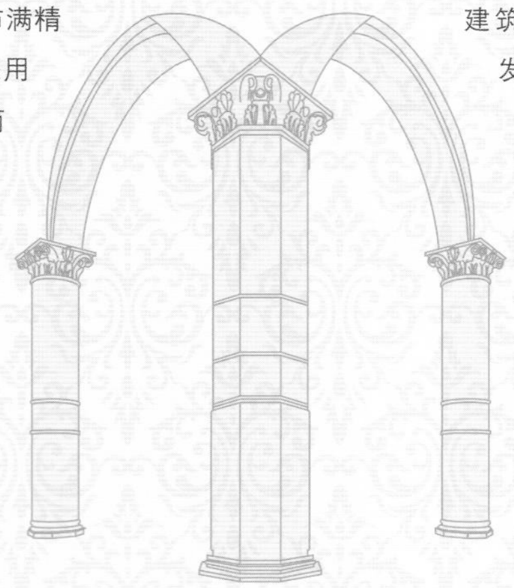

柱廊被应用于各种类型的文艺复兴建筑。在广场上更是发挥得淋漓尽致，广场在文艺复兴时期得到很大的发展。周围通常是一道椭圆形双柱廊，圆柱和方柱并用。柱端屹立着圣人雕像，规模浩大，宏伟壮观。

拱　券

拱券：半圆形拱券

文艺复兴建筑提倡复兴古罗马时期的建筑形式，如半圆形拱券。梁柱系统与拱券结构混合应用，形式庄重而有节制，讲究神圣的比例尺度和严肃的单纯朴素。有的拱券下面配以栏杆装饰，鲜艳的色彩和生动的琐碎细节完全被抛弃了。而支撑拱券的柱子形状各不相同，有方柱，有圆柱，有无装饰的，有简单装饰的，也有复杂装饰的，如满布动物、植物和人物雕刻，并涂上鲜艳的颜色。在拱券的周围也有简单装饰，如人物头像雕刻、花纹装饰。

很多拱券既用于门、窗，又用来做装饰，特别是在外立面上，整个墙面都有拱券。在有的文艺复兴建筑中，每两个大柱构成一个开间，在每个开间的中央发一个券，券脚落在两根独立的小柱上。

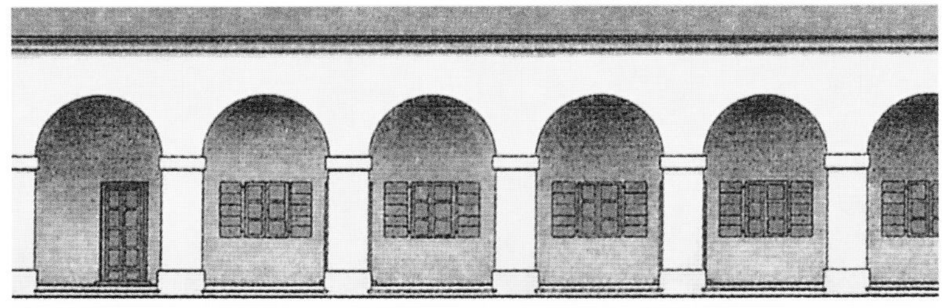

装饰构件

装饰构件：雕像，山花

文艺复兴建筑的空间不再用装饰性图案和镶边塞满，而是让它空着，给人以朴实大方、简洁和谐的感觉。在崇尚古典的道路上，文艺复兴建筑比其他艺术走得更远一些，在装饰上采用了古代艺术的图案，如裸体小孩像、带罗马皇帝侧面像的圆形浮雕、窗楣山花、瓶罐以及古代的武器和战车图案等。与壁柱相对应的位置树立精美的人物雕塑，人物雕塑作为垂直单元，略微冲出占主导地位的水平划分，使建筑更活泼、更具观赏性。

在阿尔卑斯山以北的地区，文艺复兴风格往往体现在修饰层面，表现为对中世纪尖顶建筑的修饰。在法国，最显著的特点是宫堡四角上的碉堡退化为圆形塔楼；在德国和荷兰，则是对尖坡屋顶所构成的山墙两翼做涡漩造形处理。

GENERALI

301
S. GREGORIUS ARMENIAE ILLUMINATOR
CCCI

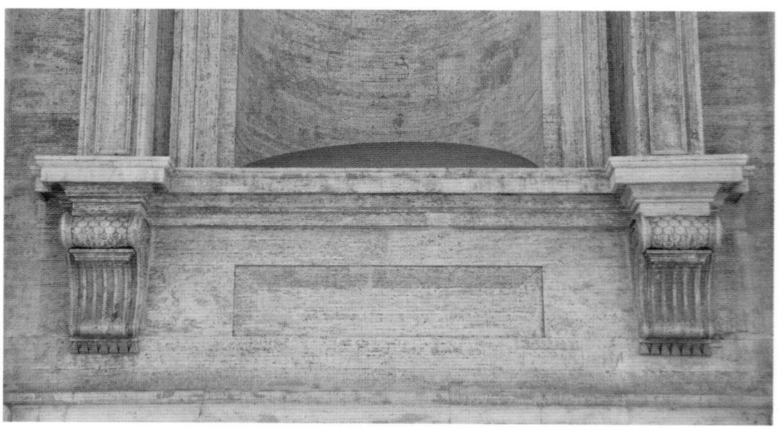

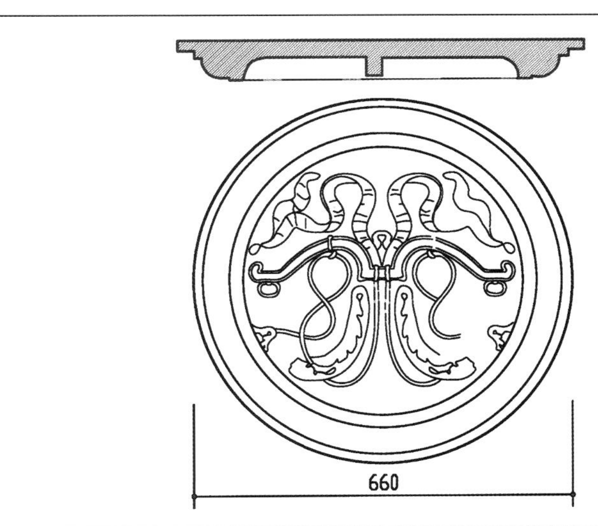
660

ER·VII·P

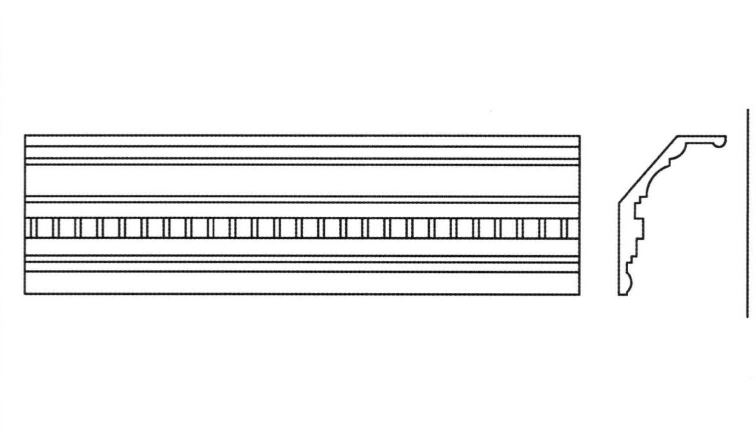

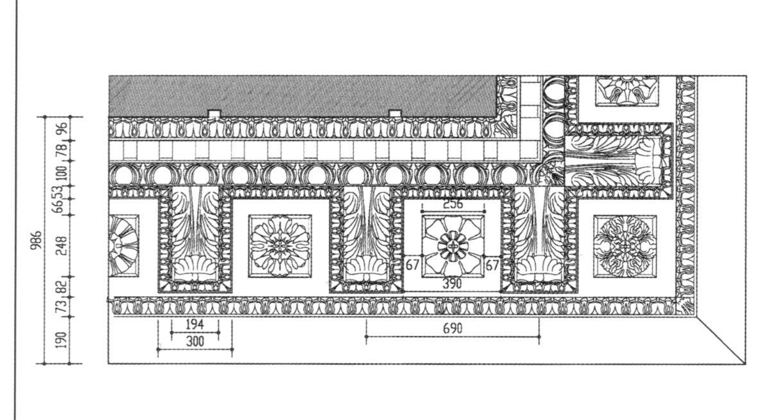
986
96
78
100
6653
248
82
73
190
256
67
390
67
194
300
690

NT·MAX·AN·M

SANCTVS
LONGINVS
MARTYR

S.P.Q.R

SUO CITTADINO
LIBERO

1882

LAVOISIER

A. DE MUSSET

ET

15

50

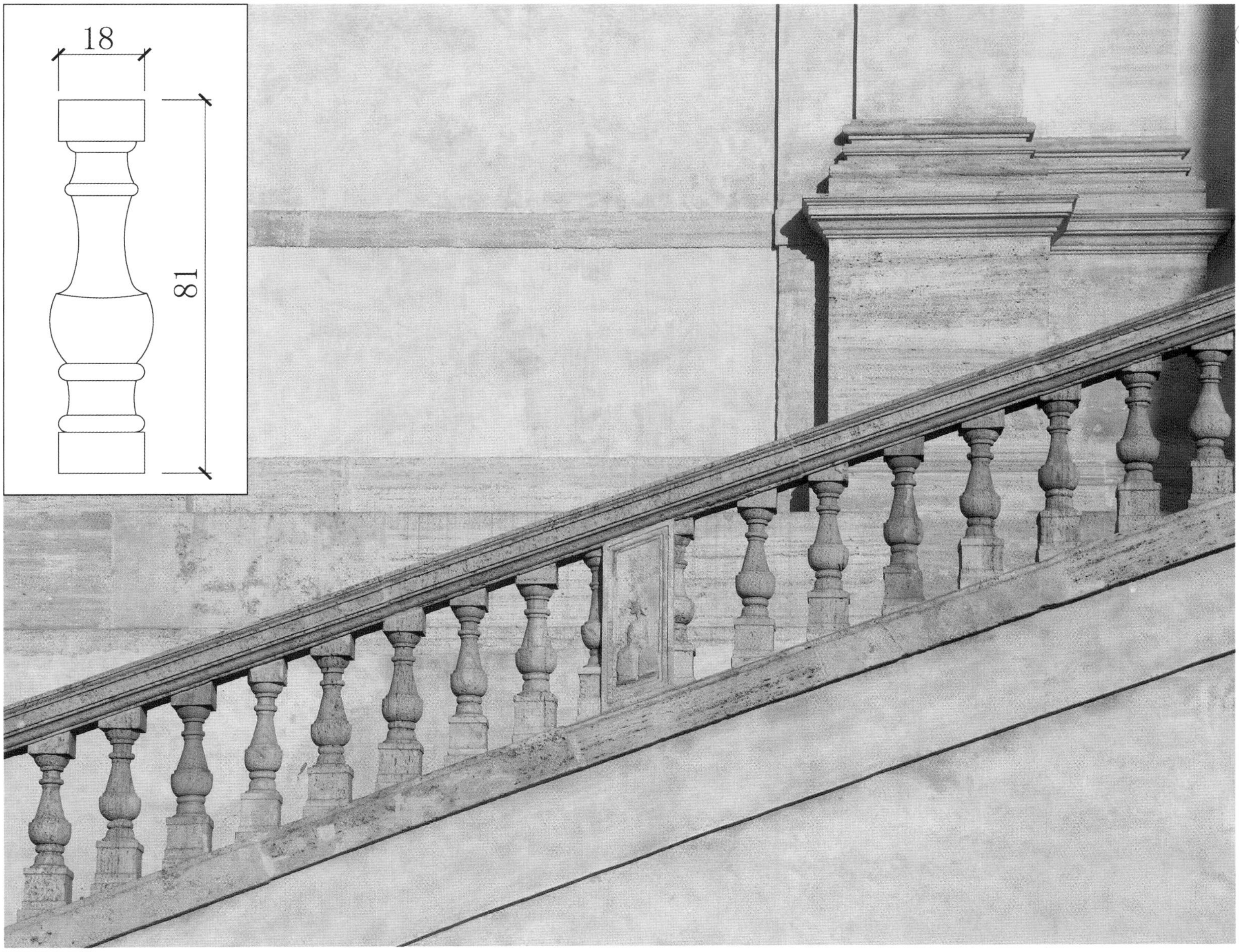

18

81

10

60

150
95
750
95

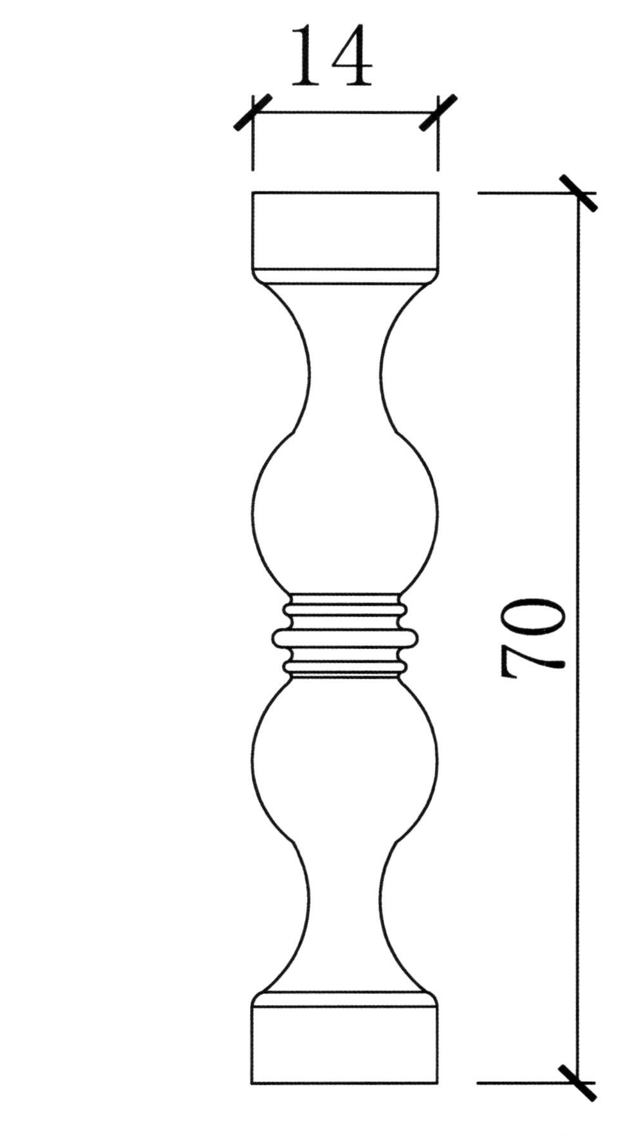
14
70

700

130

100

70

370

60

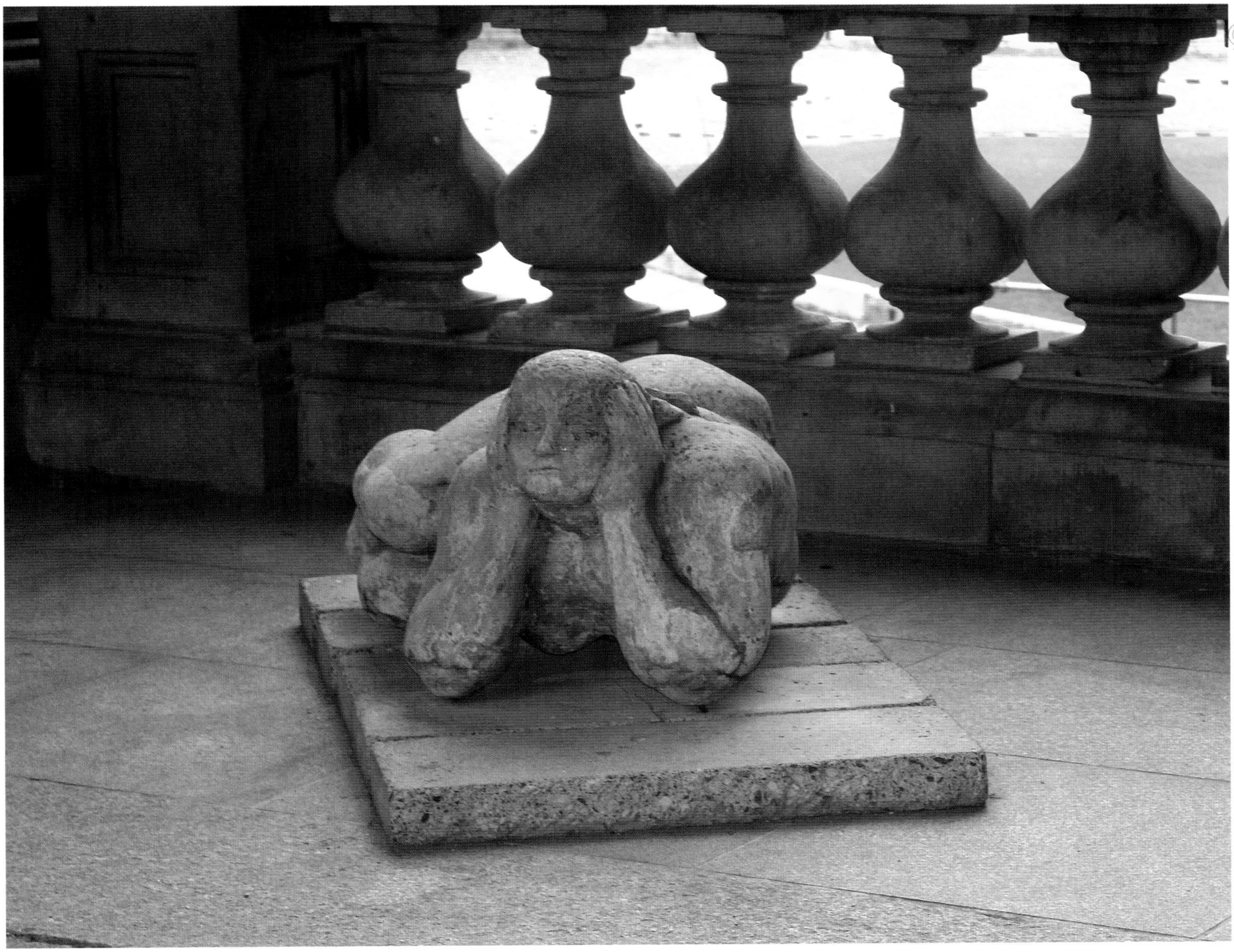

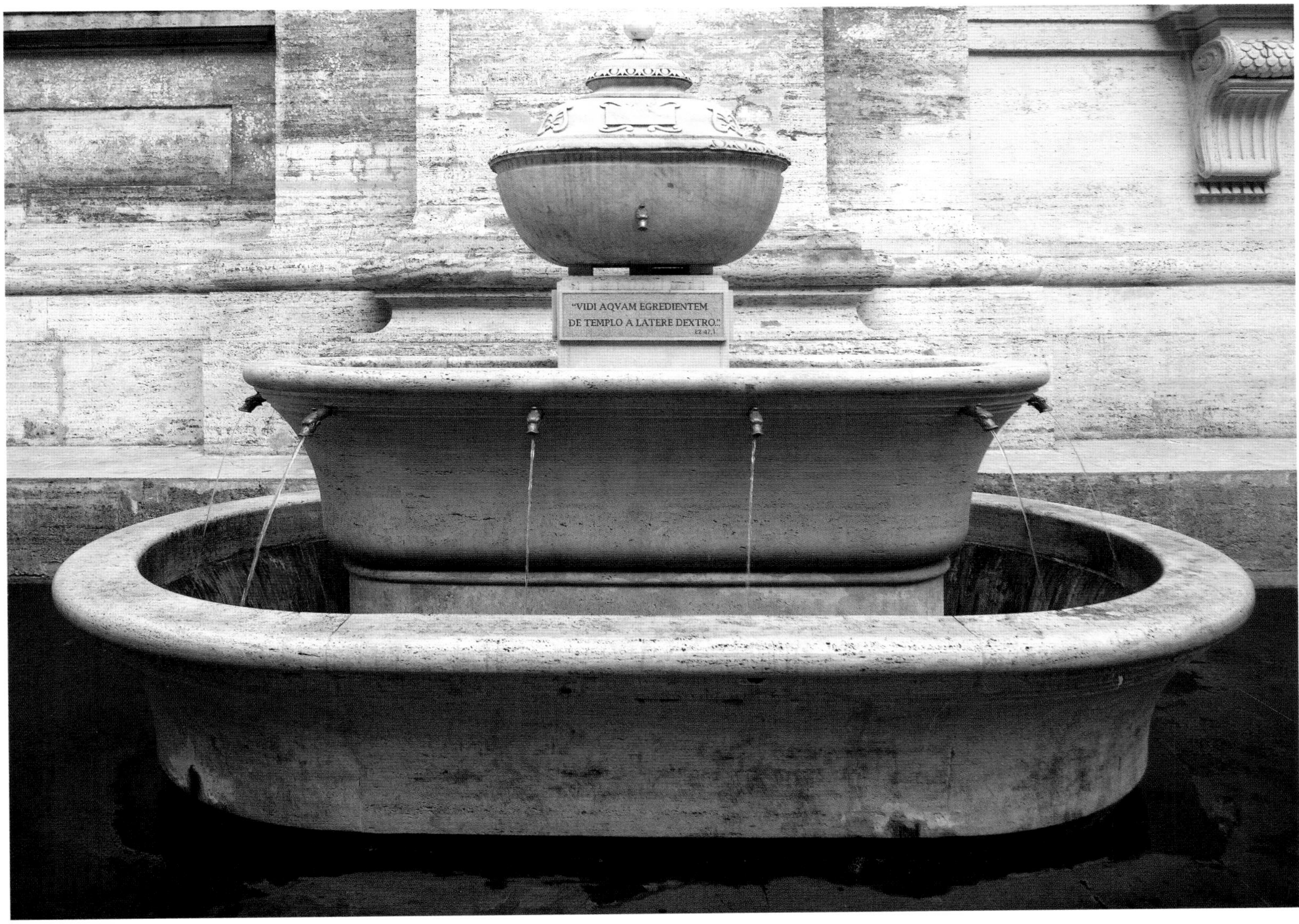
"VIDI AQVAM EGREDIENTEM
DE TEMPLO A LATERE DEXTRO..."
EZ 47,1

3
4
5米

0
1
2米

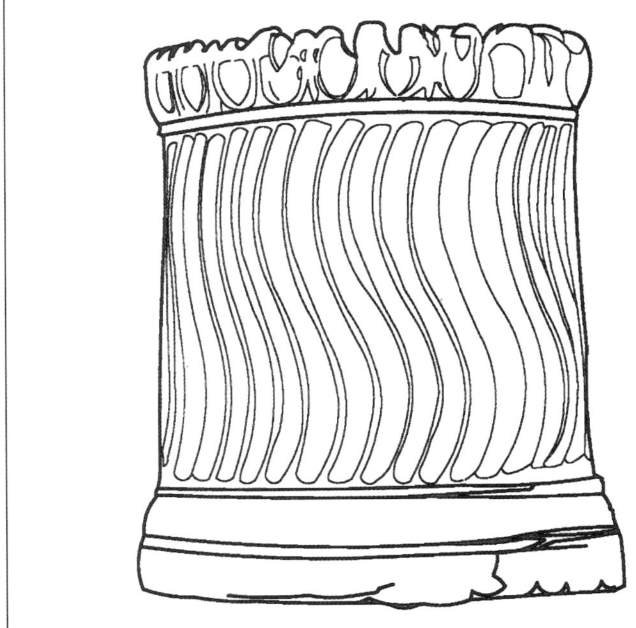

CONSTANTINVSAVG

室内空间

室内空间：穹顶

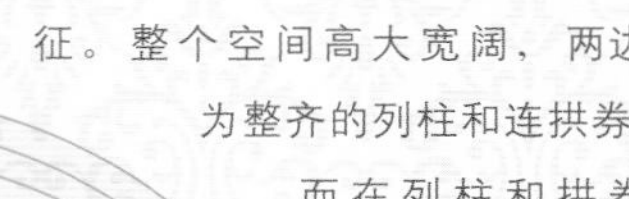

文艺复兴时期提倡以穹隆为中心的建筑形体。穹顶是文艺复兴早期建筑的代表作，也是佛罗伦萨城市建筑的标志性建筑，它把文艺复兴时期的屋顶形式和哥特式建筑风格完美地结合起来，有明显的过渡特征。整个空间高大宽阔，两边为整齐的列柱和连拱券，而在列柱和拱券的另一边，又是不一样的空间。与古朴的外观比起来，室内的装饰丰富多彩，不管是顶上还是四周，都有很多的绘画和雕刻，炫彩夺目。

PIVS·VII·P·M·

ANNO MDCCCLXXXVI

PAVLVS V PONT MAX A X

CAELORVMREGNVMSPERATEHOCFONTERENATI
NONRECIPITFELIXVITASEMELGENITOS

T SOLVTVM
ET IN COEL

PETRAM AEDIFICA
HINC SACERDO
QVODCVMQVE LIGAVER

VII·CLARAMONTIO·CAESENATI·PONTIFICI·MAXIM
ERCVLES·CARD·CONSALVI ROMANVS·AB·EO·CREATV
PAX

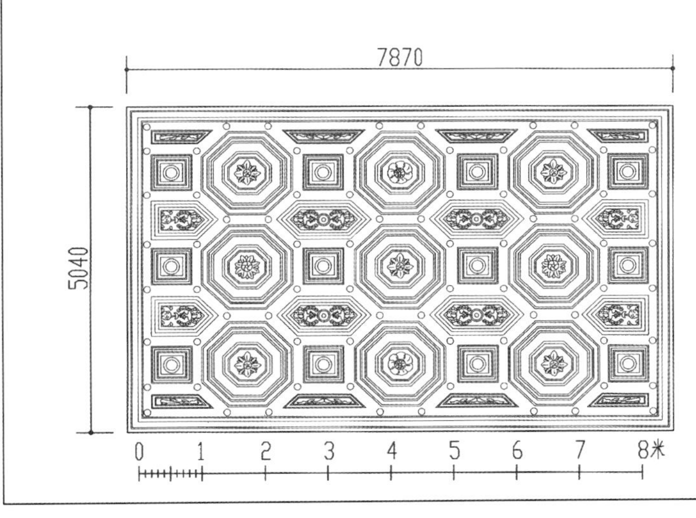
7870
5040
0 1 2 3 4 5 6 7 8米

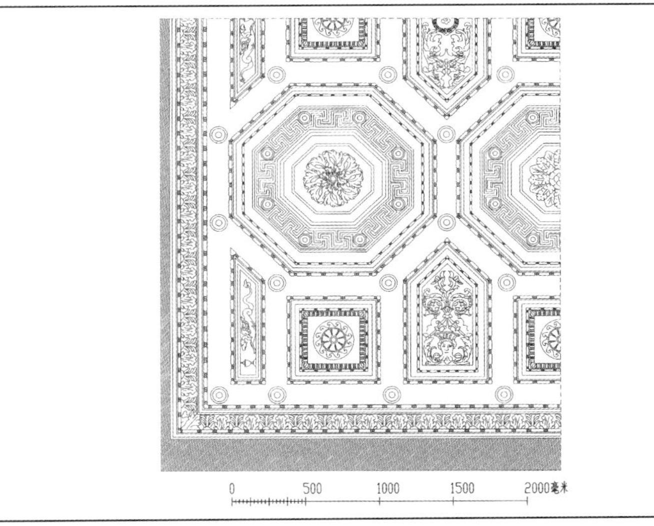
0 500 1000 1500 2000毫米

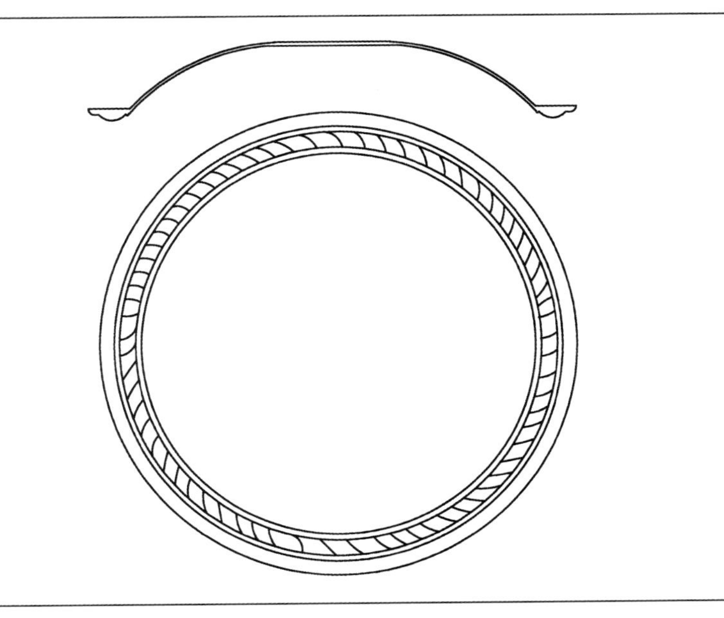

巴洛克建筑

16世纪初，宗教改革运动开始，主张新教，之后迅速蔓延，与保守的罗马教廷形成对抗之势。17世纪，教皇推行反改革运动，提出了一系列与新教划清界限和重振人心的应对措施，包括将建筑、雕塑、绘画和音乐结合成一个新的具动感的、具有强烈剧场效果的建筑风格形式，希望以这种新形象来展示天主教凯旋般的强大，并以此成为激发人的情感和吸引信众的新源泉。最终由罗马教廷将这种新的建筑和装饰风格，即巴洛克艺术推向成熟。

作为表现之一的巴洛克建筑，其主要特征是：

一、炫耀财富。大量使用贵重的材料，充满了华丽的装饰，色彩鲜丽。

二、追求新奇。建筑师们标新立异，前所未见的建筑形象和手法层出不穷。而创新的主要路径是，首先，赋予建筑实体和空间以动态，或者波折流转，或者骚乱冲突；其次，打破建筑、雕刻和绘画的界限，使它们互相渗透；再次，不顾结构逻辑，采用非理性的组合，取得反常的幻觉效果。

三、趋向自然。在郊外兴建了许多别墅，园林艺术有所发展。在城市里造了一些开敞的广场。建筑也渐渐开敞，并在装饰中增加了自然题材。

四、城市和建筑常有一种庄严隆重、刚劲有力却又充满欢乐的兴致勃勃的气氛。

巴洛克风格打破了对古罗马建筑理论家维特鲁威的盲目崇拜，也冲破了文艺复兴晚期古典主义者制定的种种清规戒律，反映了向往自由的世俗思想。巴洛克建筑从罗马发端后，不久即传遍欧洲，以至远达美洲。

巴洛克建筑的典型实例有圣卡罗教堂、德雷斯顿主教堂等。

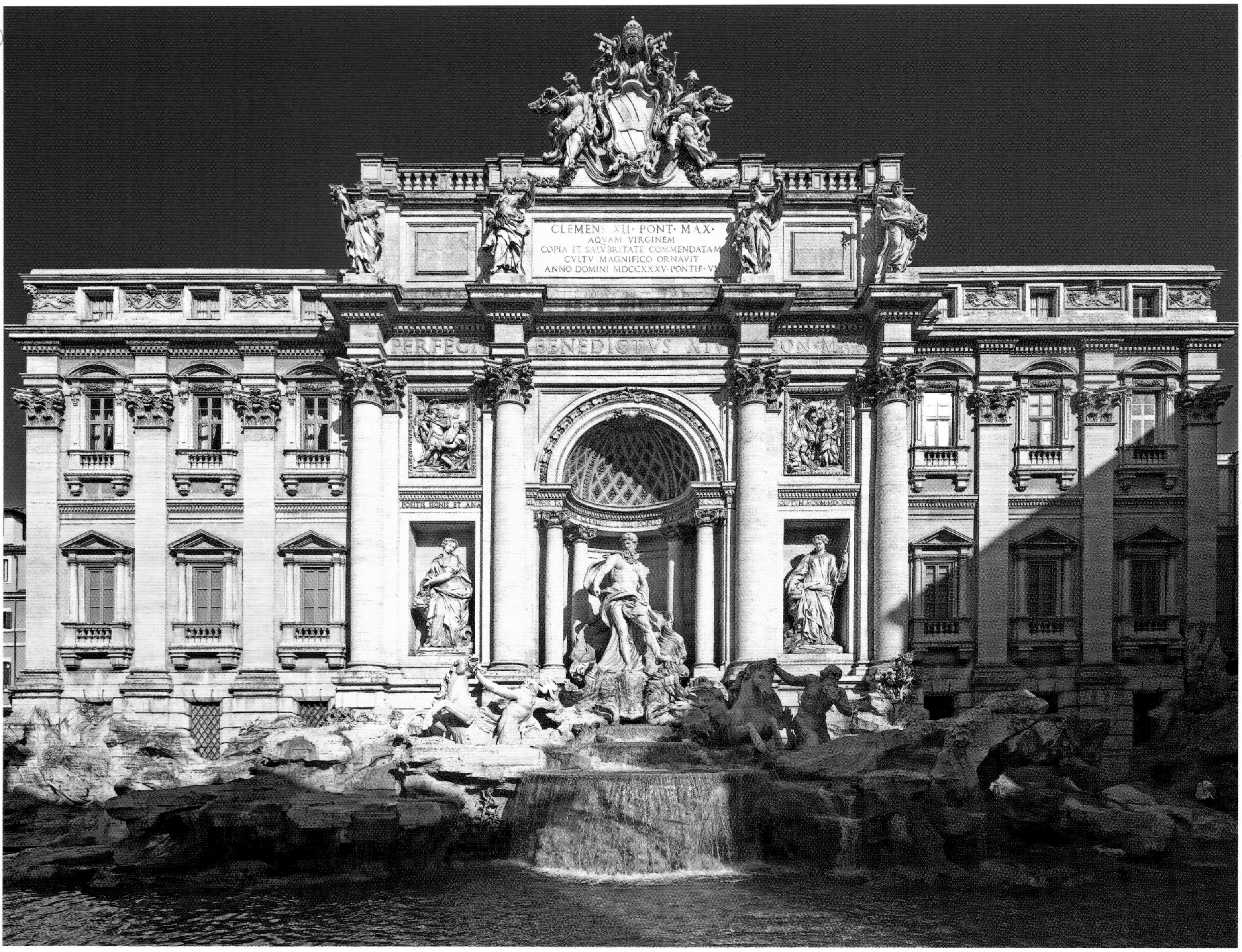
CLEMENS XII PONT MAX
AQVAM VIRGINEM
COPIA ET SALVBRITATE COMMENDATAM
CVLTV MAGNIFICO ORNAVIT
ANNO DOMINI MDCCXXXV PONTIF VI

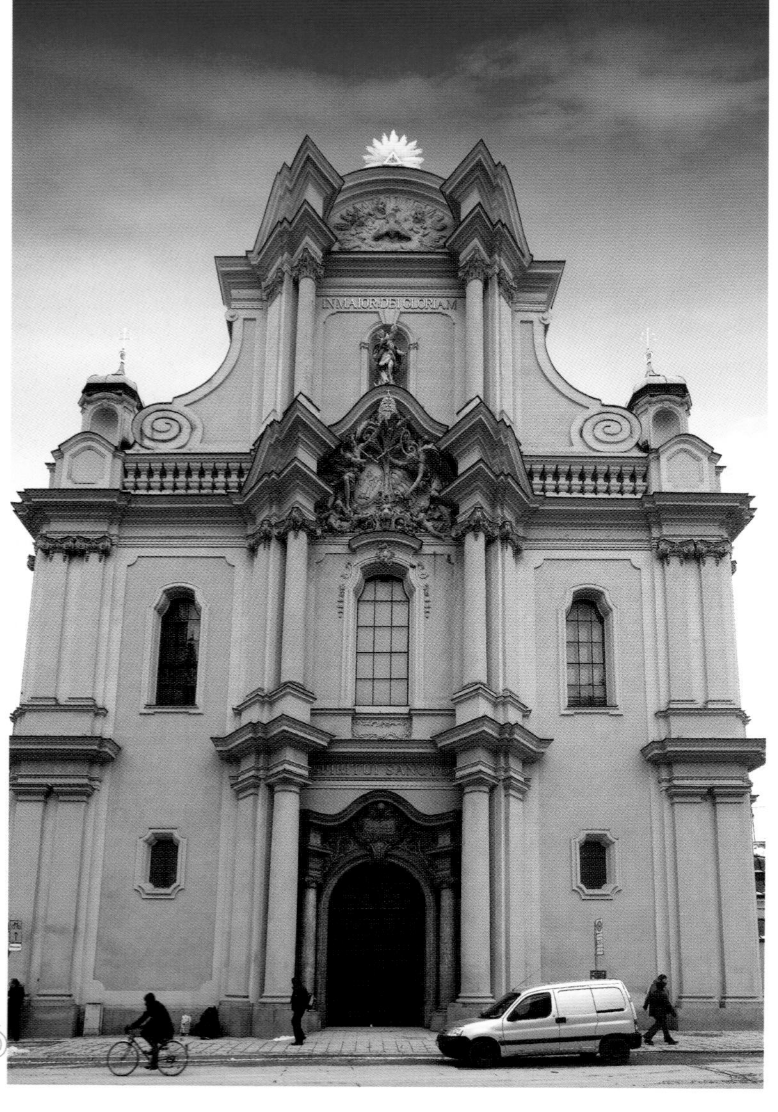

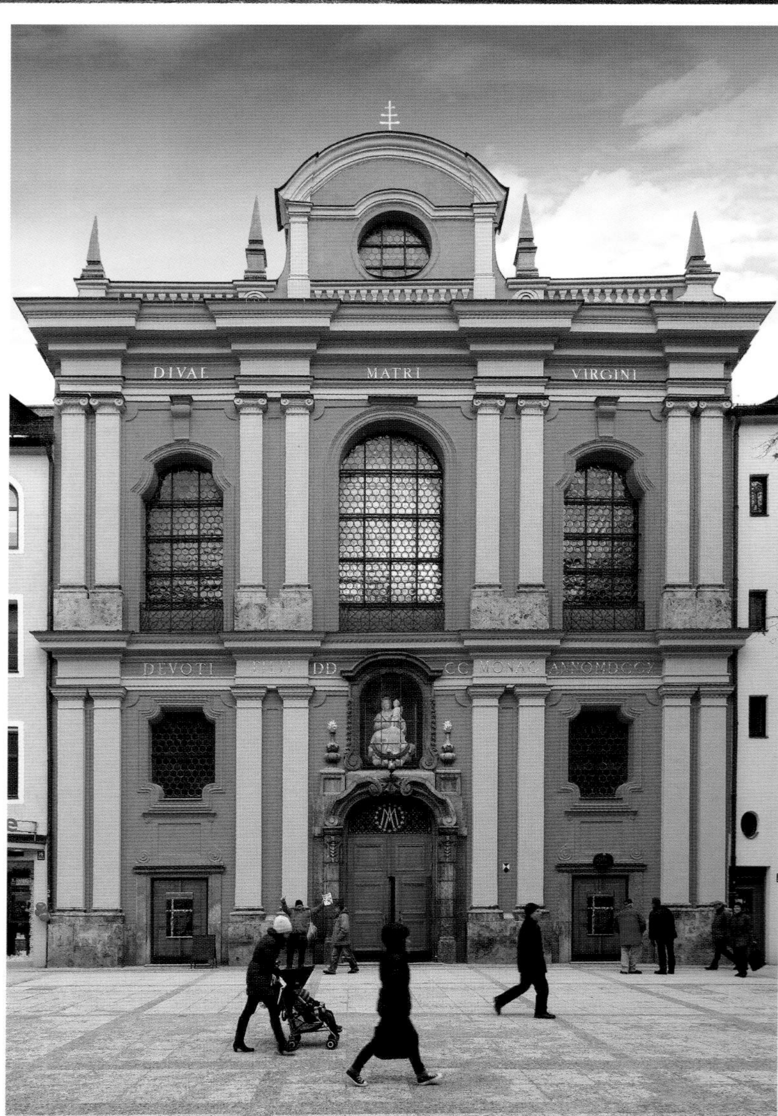

DIVAE
MATRI
VIRGINI

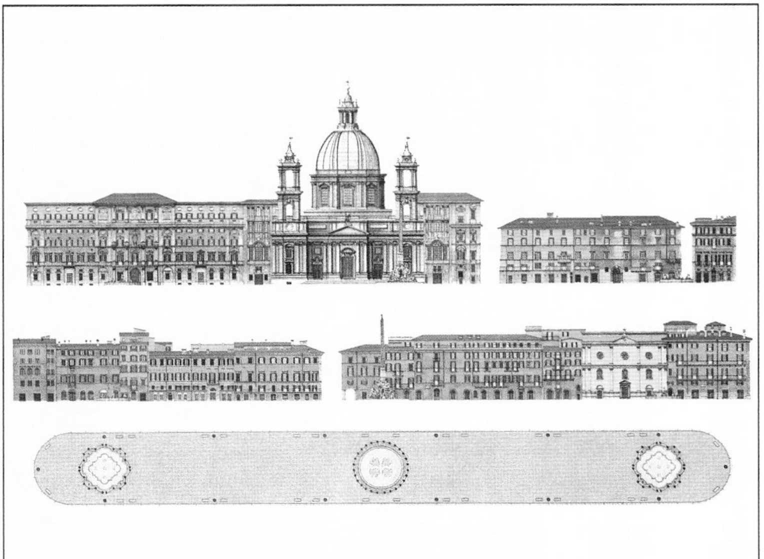

屋　顶

屋顶：圆顶，平顶

很多巴洛克建筑都会带一个“葱圆顶”帽子。葱圆顶是普遍存在的，屋顶布满雕饰，如巨大复杂而又庄严的涡卷纹装饰及动物雕刻。这些华丽多姿的圆顶体现了建筑的奢华和生活的尊贵，让人切身感受巴洛克自由、享受的生活文化。在有些大圆顶的两旁，还有塔楼，有的呈方形，有的呈圆形，塔楼的顶并不一定都是圆拱形，有的接近方形，只是转角处变成圆弧形。有的屋顶是四周为斜坡状的平顶，装饰也比圆顶简单。

洋葱形的塔顶是中欧巴洛克建筑的一个典型标志。德国巴洛克建筑艺术成为欧洲建筑史上一朵奇葩。通常教堂外观比较平淡，正面有一对塔楼，装饰有柔和的曲线，富有亲切感。而奥地利的巴洛克建筑艺术风格主要是从德国传入的。18世纪上半叶，奥地利许多著名建筑都是德国建筑师设计的。在维也纳著名巴洛克建筑美景宫的设计中，把司令部、兵营和哨所等象征性地设计到宫殿的屋顶上去。

XII
I
II
III
IIII
V
VI
VII
VIII
IX
X
XI

HOTEL

RESTAURANT

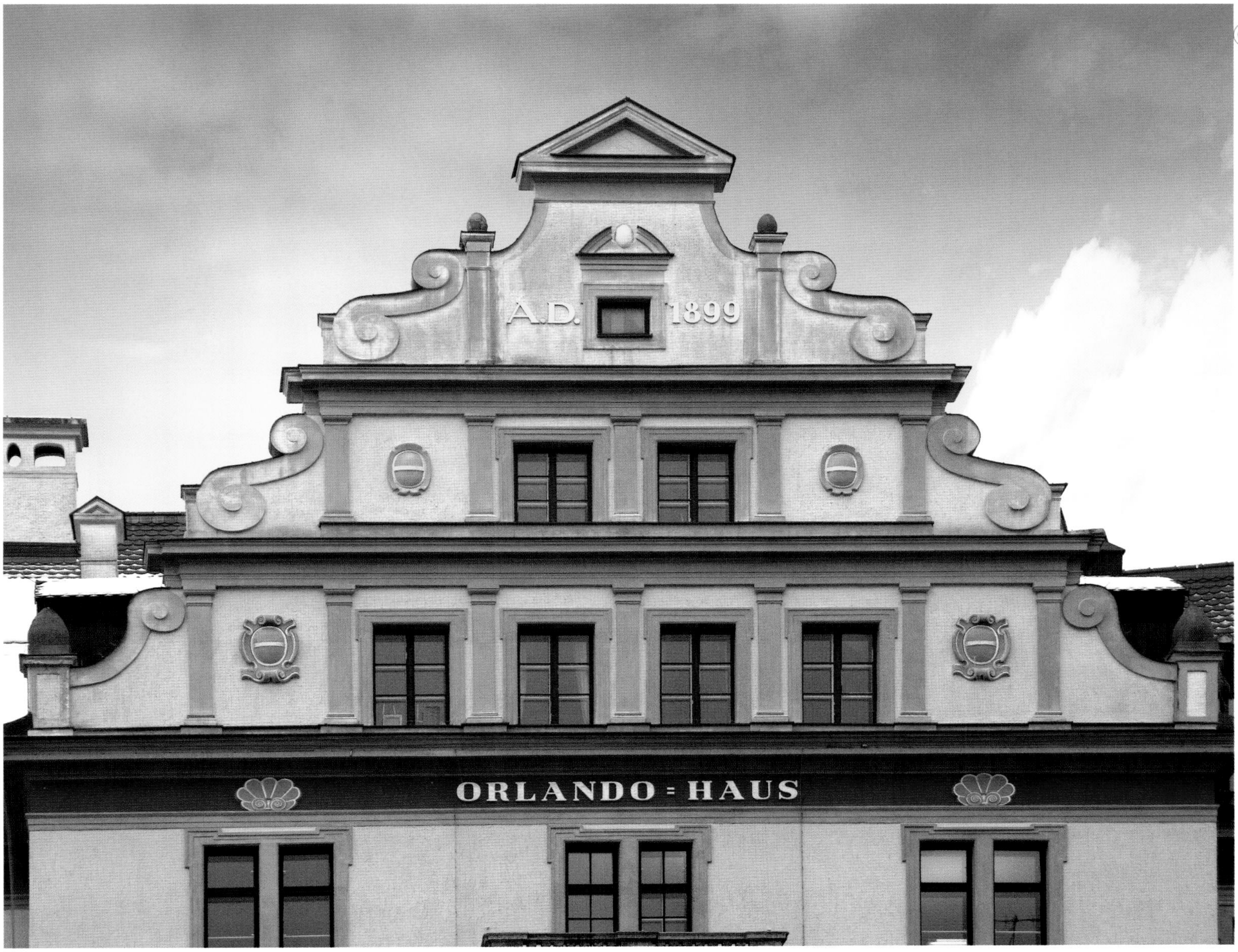
A.D. 1899
ORLANDO = HAUS

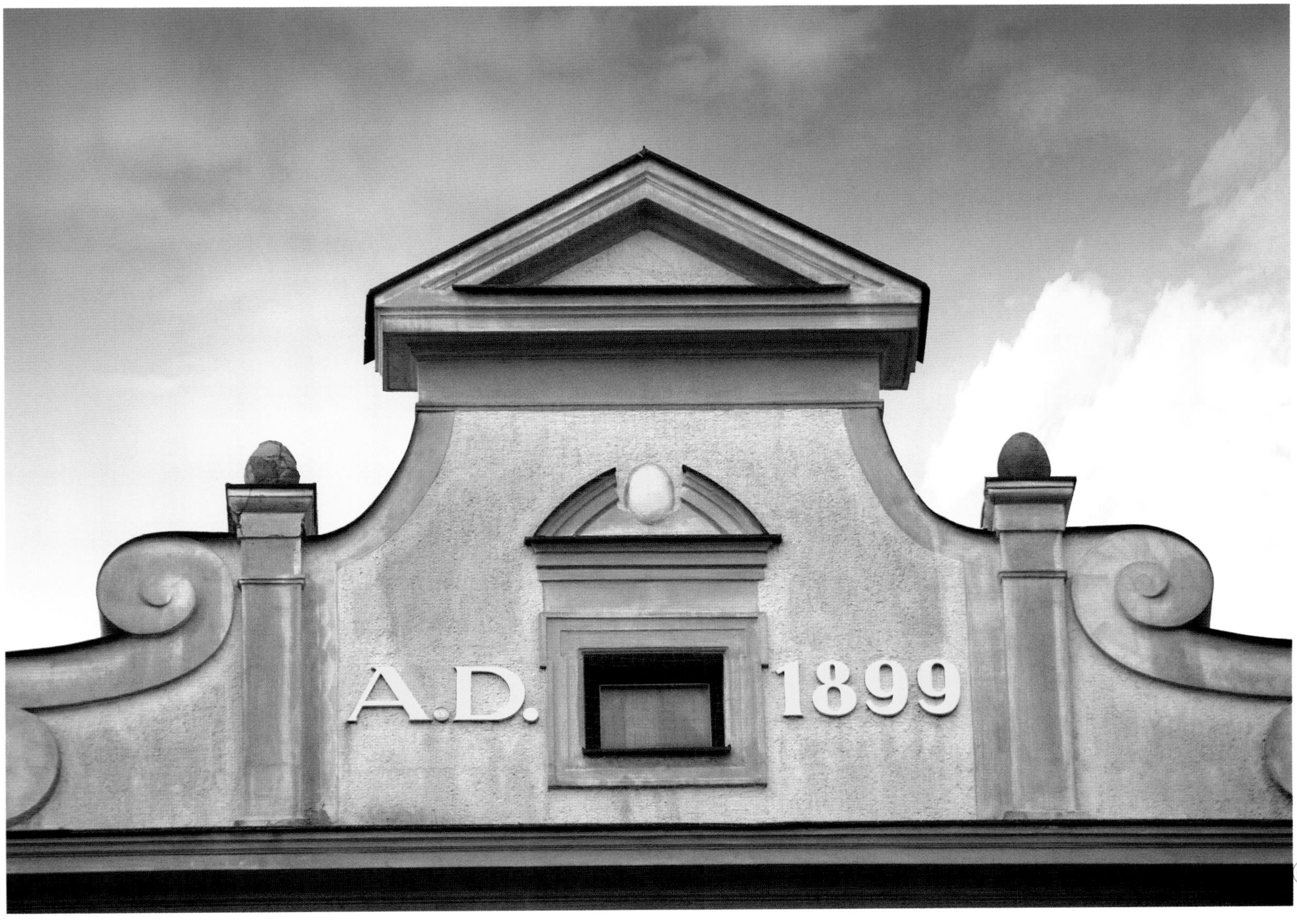
A.D. 1899

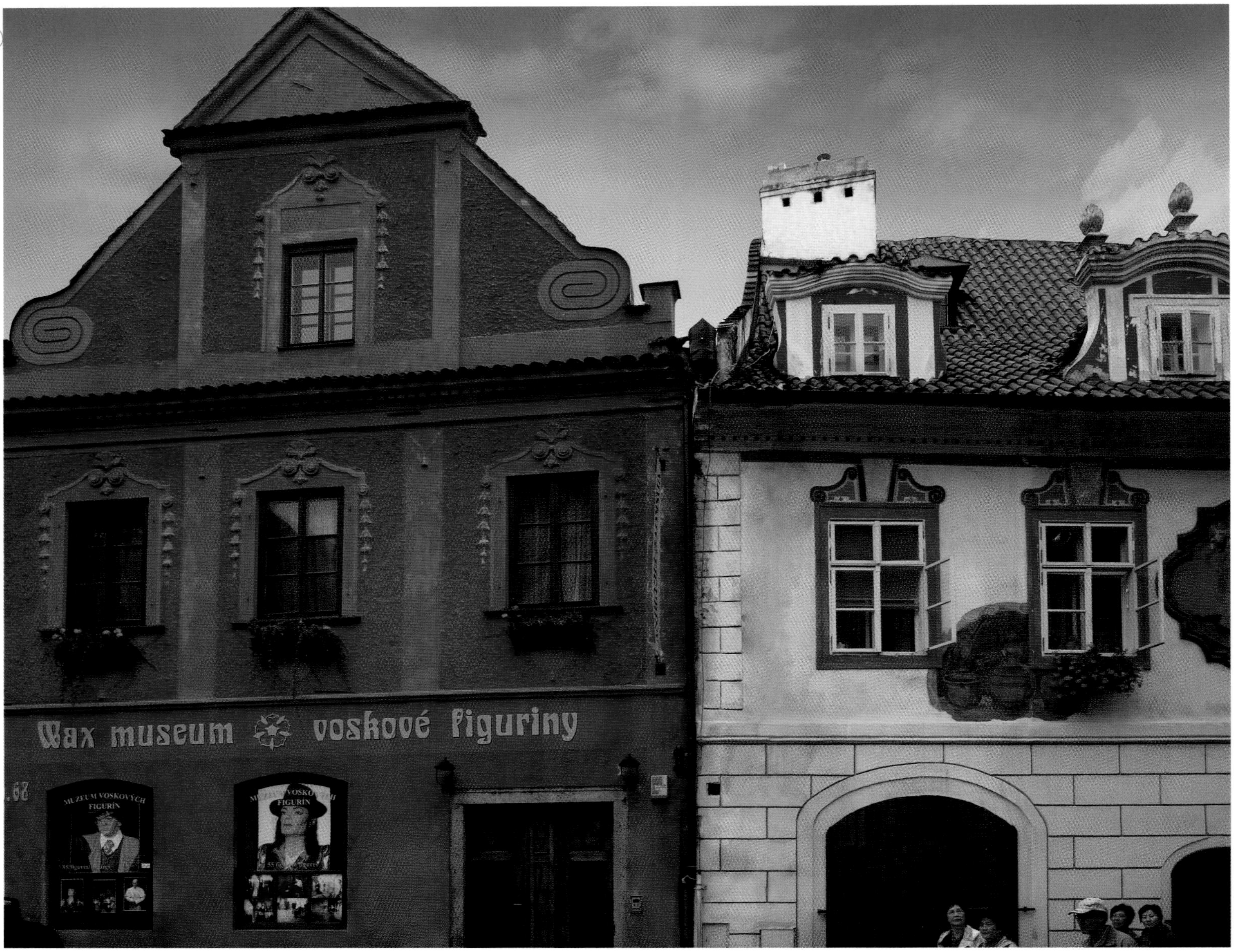
Wax museum voskové figuriny

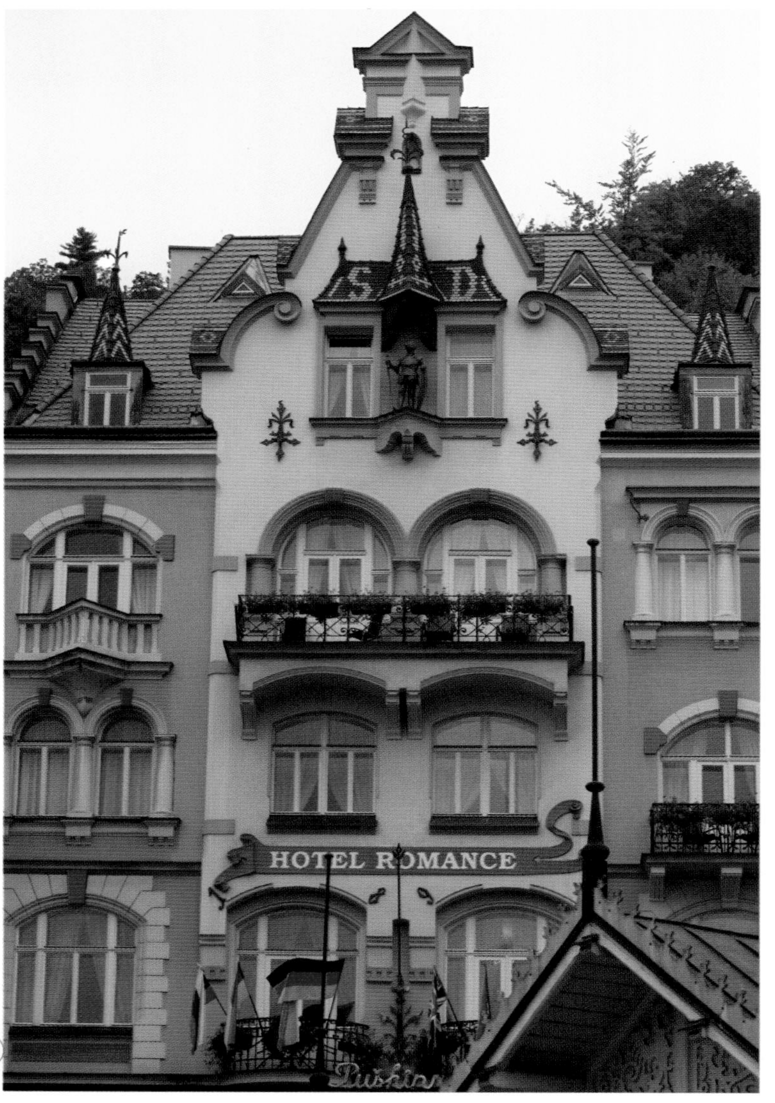

HOTEL ROMANCE

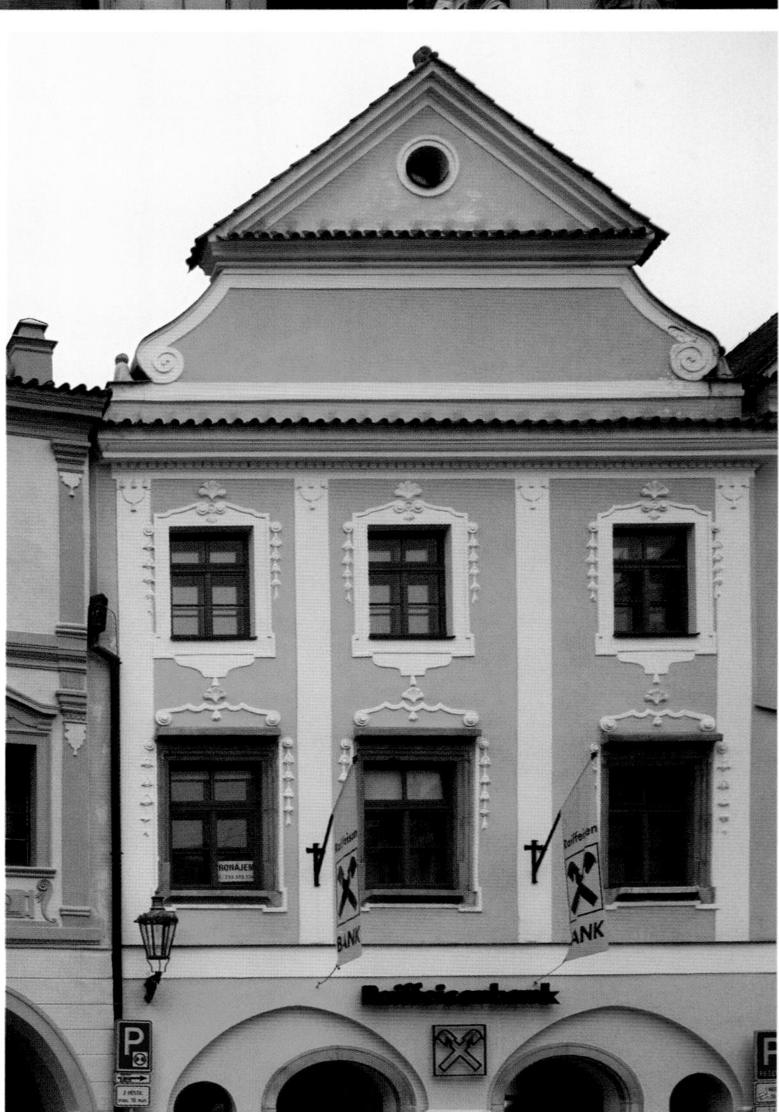

Raiffeisenbank

墙

墙：平坦

巴洛克风格的教堂建筑外观简洁雅致，外墙平坦，同自然环境相协调。有的宅邸建筑外部和内部一样绚丽多姿，但装饰相比教堂则比较简单，在外墙上会漆上明亮的颜色，与巴洛克的风格相得益彰，墙上有粗细不等的层叠的线条装饰。由于巴洛克建筑的外立面为曲线形和波浪形，外墙从整体上看也不在同一个平面上，墙上的各种雕刻装饰也各具特色，动感的人物雕塑扭动着身躯，也有椭圆和球面椭圆形装饰和徽章。

窗

窗：细长，多格子装饰

巴洛克式窗户形状变化多端，但多数为细长形，与文艺复兴建筑的窗户类似，也呈中心对称，窗户顶部或半圆形或方形或梯形，窗户上玻璃为透明状，并被分成很多个格子，细部雕刻细腻，顶部有人物或动植物雕刻，有呈涡卷状曲线的断折山花、精致的浮雕装饰，显得典雅而活泼，富于艺术感。也有什么都不装饰的简单的方形或圆形窗。有的窗户下有栏杆装饰，有的由普通的花瓶柱构成，也有圆弧形花萼状阳台及外凸的铸铁曲线栏杆，奇异而优美。

450
580

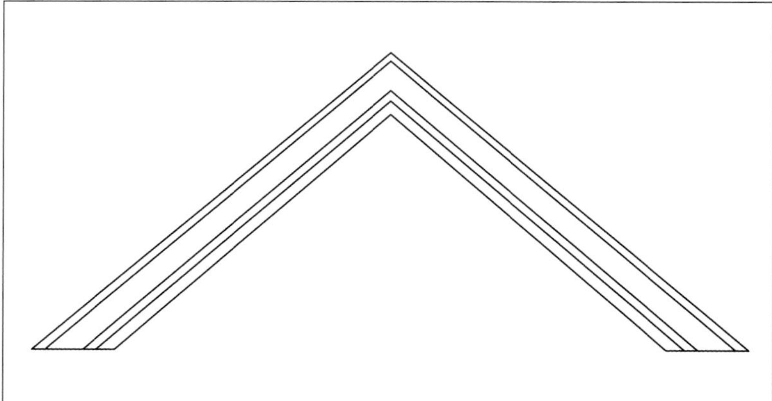

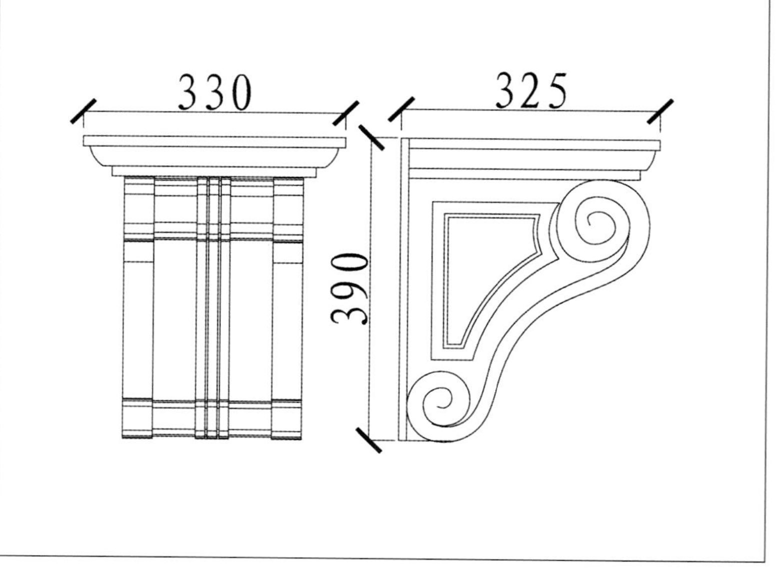
330
325
390

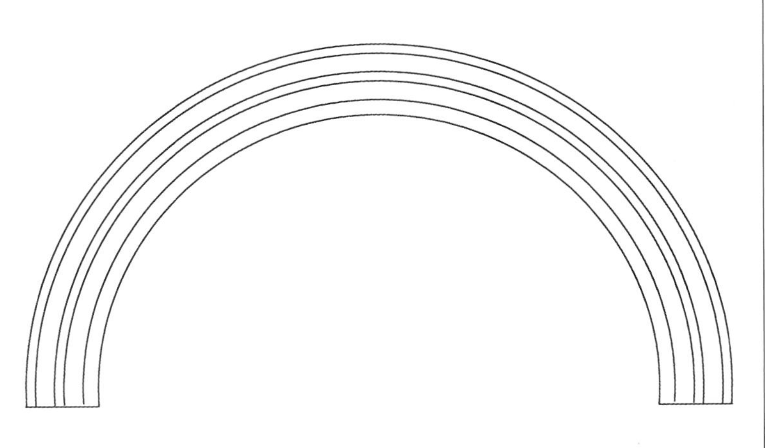

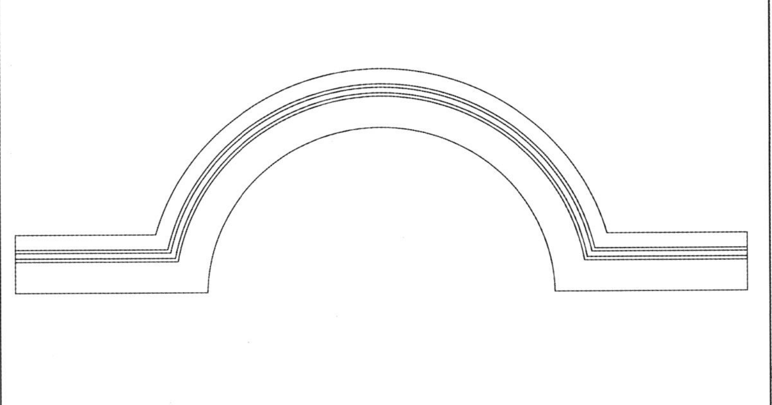

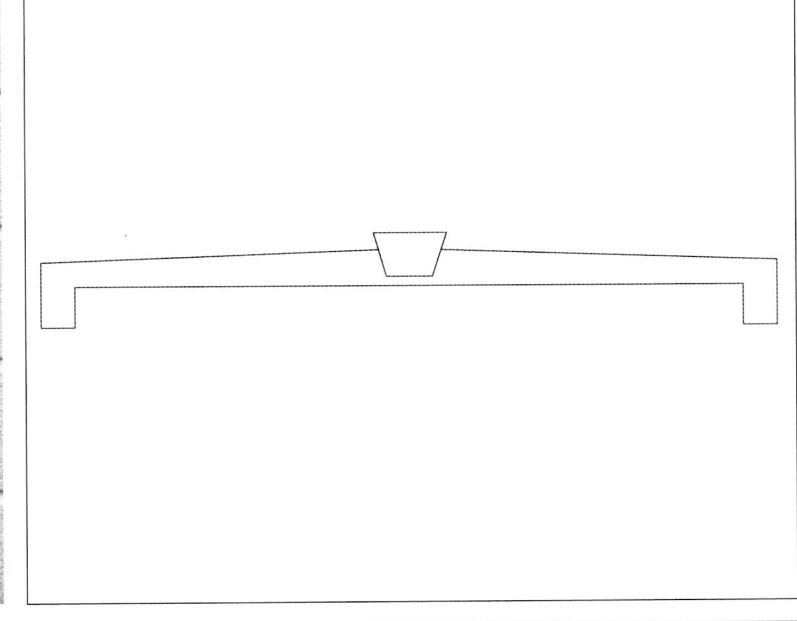

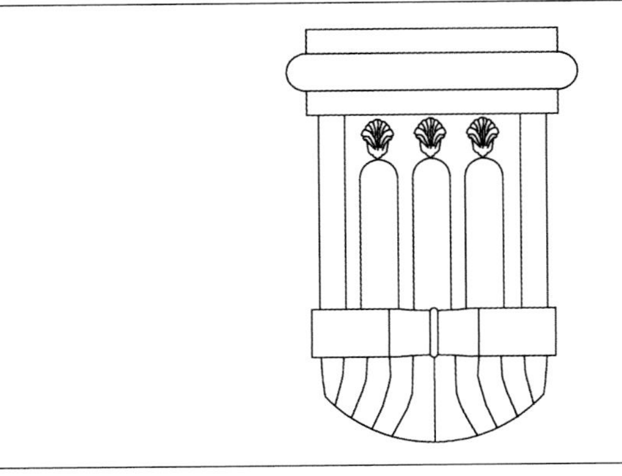

门

门：圆拱形，方形，铁艺大门

巴洛克建筑的门呈圆拱形或方形，有些为木门，有些则为铁门。木门非常厚重，木雕很好，有花朵或动物的雕刻。有些门上有神兽雕像。这时的铁艺大门，做成涡卷和花朵状，有着古朴、典雅、粗犷的艺术风格，令人叹为观止。在拱门的拱券上，充满层叠的圆弧状线条装饰，或是到处是各种各样的大小不一的涡卷和花纹装饰，即使是在门框上，也覆盖着花朵装饰。有的门两边是柱子，造型各异，有简单的圆柱或方柱，也有呈螺旋状的圆柱。

SCHLOSSTHEATER
EINGANG

SCHLOSSTHEATER
EINGANG

KAISERTOR

SPIRITUI SANCTO
CUM ANGELIS
ET ARCHANGELIS

SPIRITUI SANCTO
CUM ANGELIS
ET ARCHANGELIS

13

HOTEL MBASSY

Hotel Jiskra Hotel
1
301
EL Jiskra
HOTEL Jisk

EHEMALIG
& TAFELKA
KAISERAP

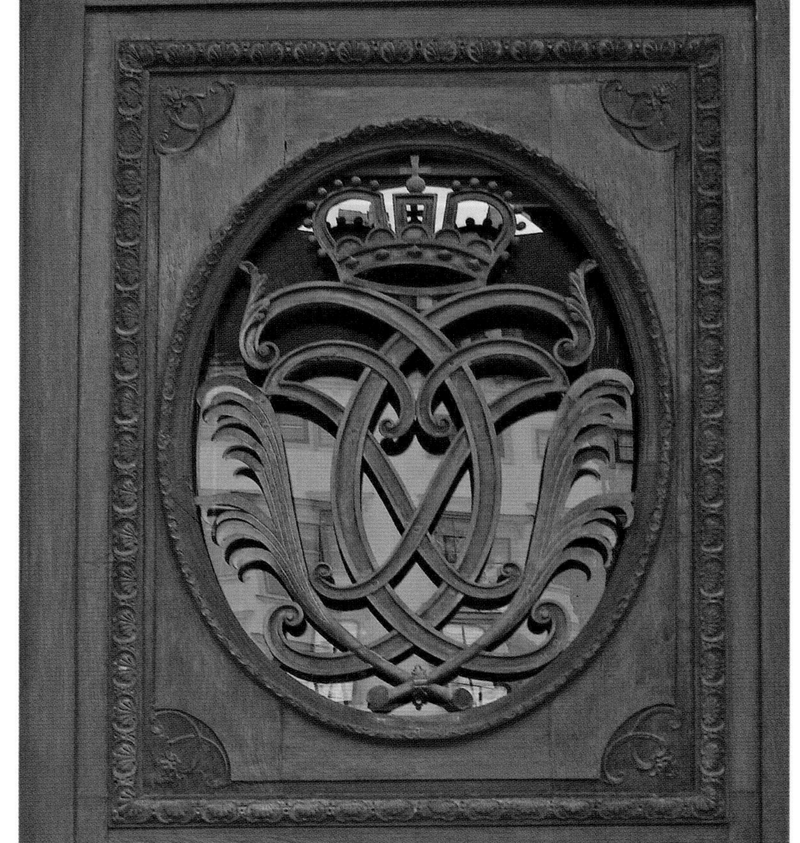

21

Schlosskapelle

Schlosskapelle
SCHLOSSKAPELLE

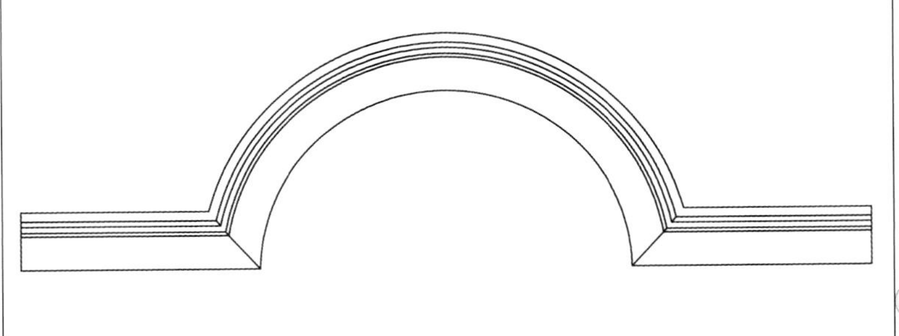

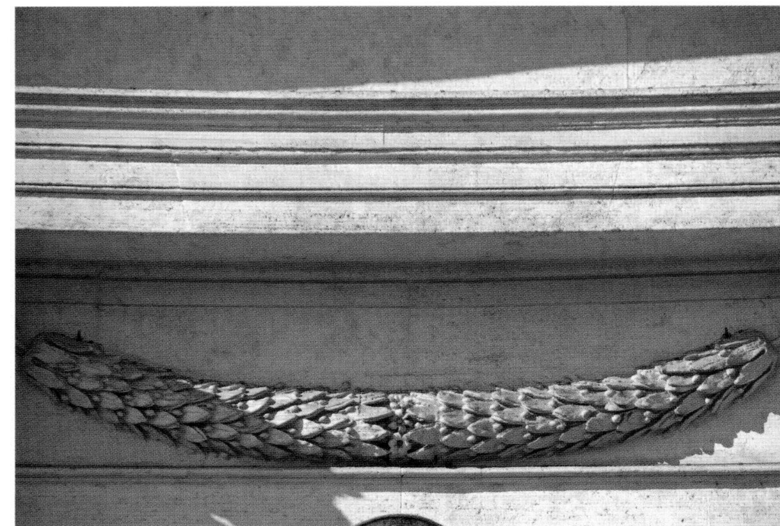

柱

柱：重叠壁柱，布满浮雕

巴洛克建筑用新的方式融合了文艺复兴建筑的柱子，用重叠壁柱等非理性手法来表现自由活动充满动感的建筑形态，用柱子的疏密排列来助长立面与空间的凹凸起伏和运动感。巴洛克建筑内部大厅的柱子都雕刻有人像，柱顶布满浮雕装饰。巴洛克的柱式被重叠应用，常见双柱并列形式，而有的叠柱也没有采用这种形式，而是使用重复错位叠置和变形的薄柱，使得整个里面不同于一般的巴洛克建筑。柱头上采用曲折有致、雄厚有力的多重不规则曲线线脚，它们层层叠叠的出挑和具有节拍性的凹凸，与其他构件在光线作用下产生强烈的空间立体感。

罗马的许愿池的喷泉以波里公爵府的墙面为背景，立面正中是四根贯彻一层和二层的巨大科林斯式圆柱，使得整个建筑外形美观、立体感强，围绕在周围的是刻画细腻生动的海神和女神雕像。

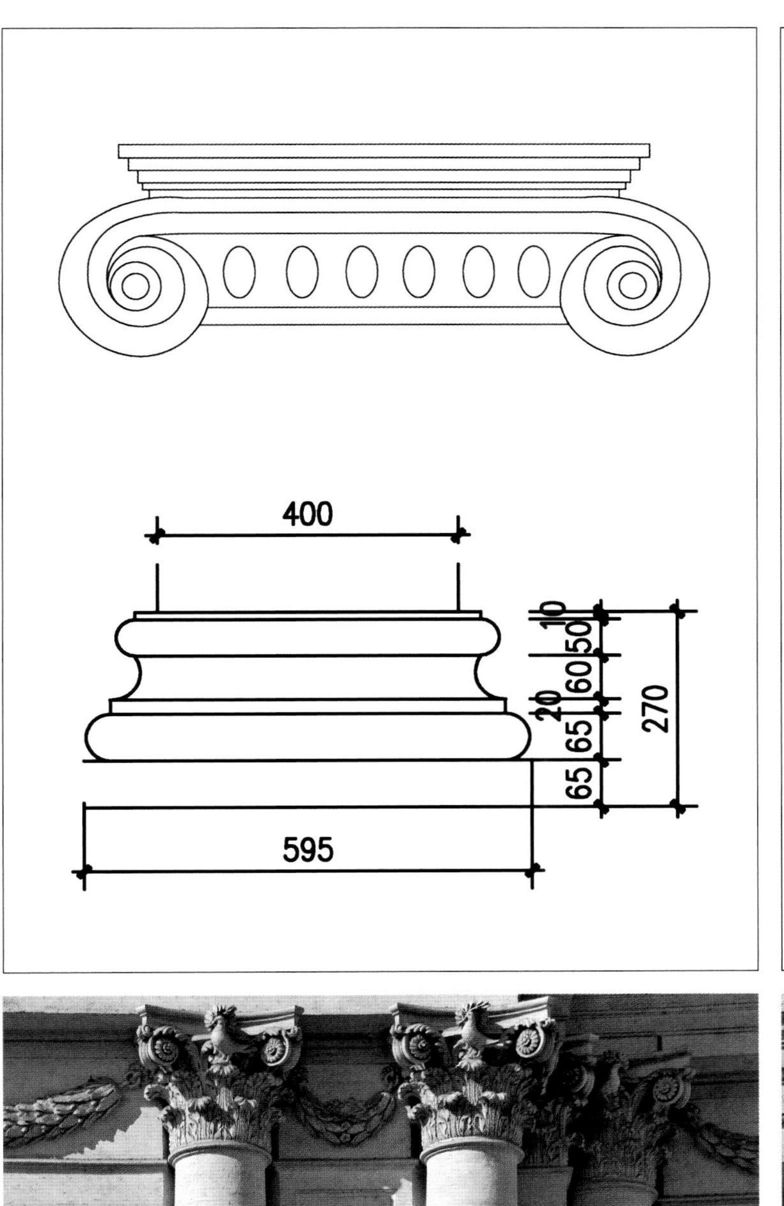
400
10
50
60
20
65
65
270
595

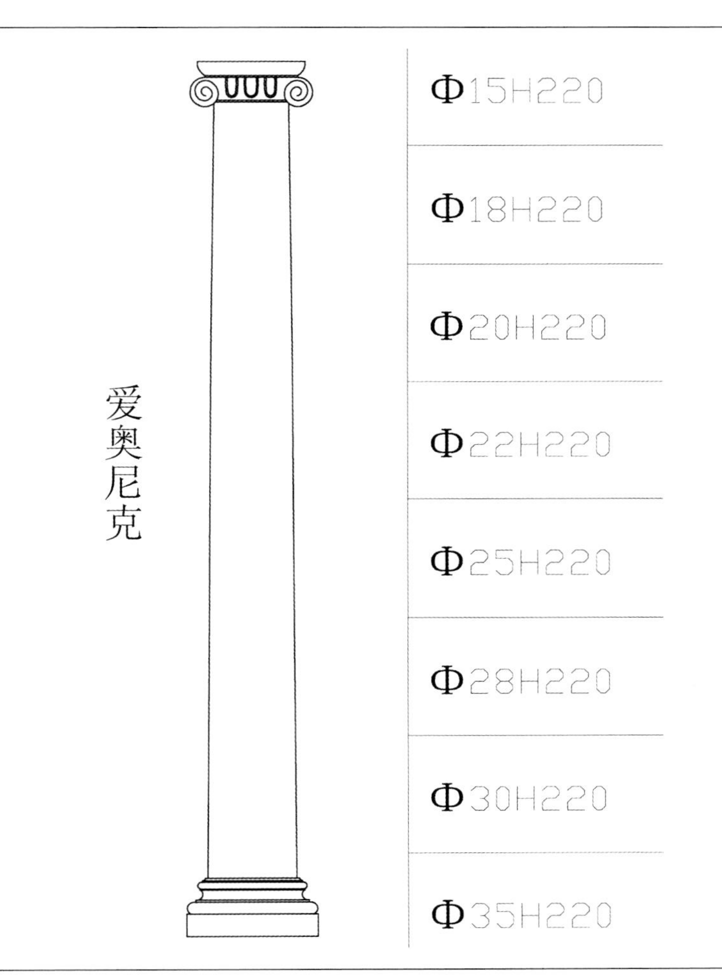
爱奥尼克
Φ15H220
Φ18H220
Φ20H220
Φ22H220
Φ25H220
Φ28H220
Φ30H220
Φ35H220

PERFECIT
POSITIS SIGNIS ET ANA

GLYPHIS TA
SV CLEMENTIS XIII PONT

LYPHIS TA
IVS

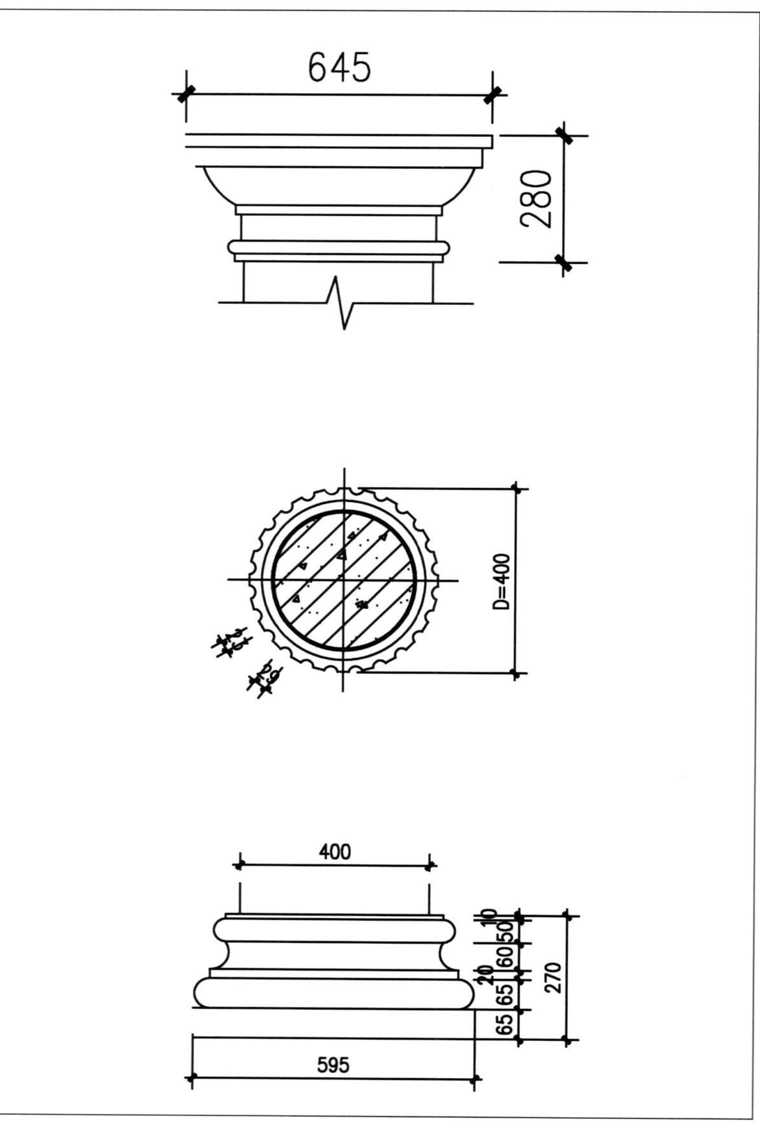
645
280
D=400
400
10
50
60
20
65
65
270
595

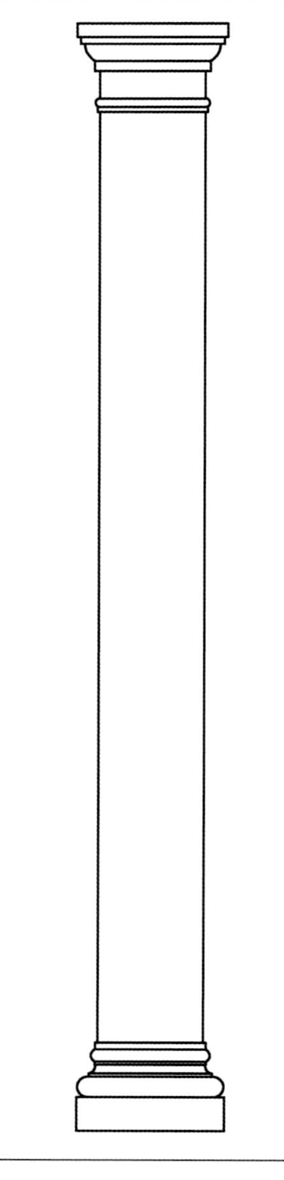

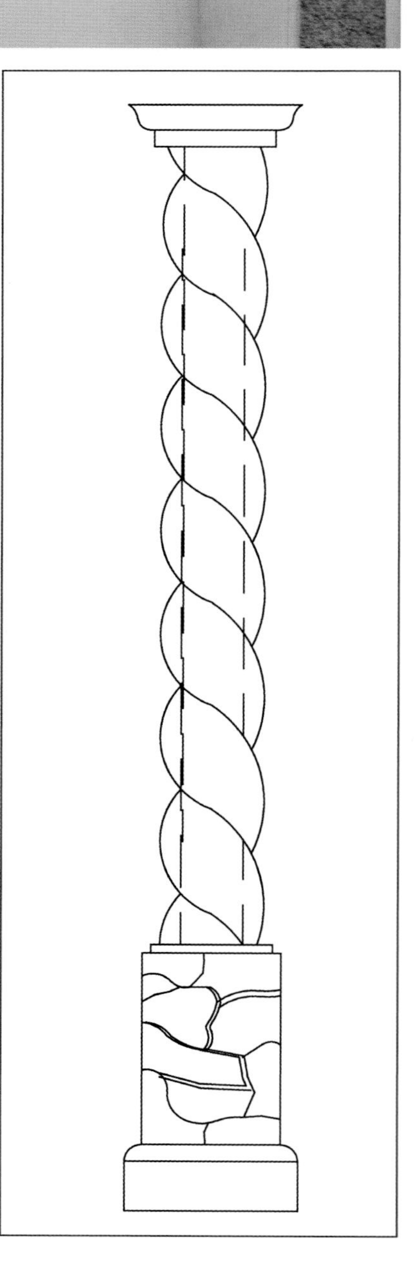

廊

廊：柱廊，拱券廊

巴洛克建筑的廊可以是简单的柱廊，也可以是连续的拱廊组合，形式简洁，线脚明朗而无其他装饰。顶部为拱顶或平顶，支撑顶部的柱子有简单的多立克圆柱，也有方柱。有些廊的柱子排列并不呈直线型，而是弯弯曲曲的波浪状，与巴洛克的凹凸立面相得益彰。建筑外面的楼梯有简单的石块砌筑，但是两旁的栏杆装饰却极具艺术性，特别是铁艺栏杆装饰，做成各种花式，由石材包围。弯曲的楼梯走道与复杂的铁艺装饰给人以很强的视觉冲击力。

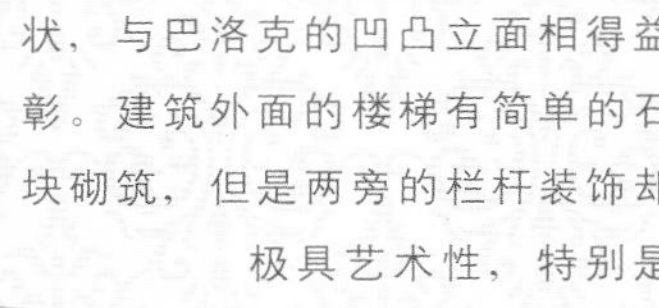

拱 券

拱券：半圆形拱券

巴洛克建筑的拱券承袭了之前的拱券造型，也是柱式同拱券的组合，有的为单拱券，有的为连续的拱券。在拱券的顶部有简单的涡卷装饰，也有女神雕像，一般是左右各一个，倚在拱券上。支撑拱券的是柱子，有简单的方柱，也有圆柱。在底部还配以栏杆装饰，由一个个的花瓶柱构成。有些拱券并不是半圆形，上面的券弧度较大，接近方形，下面由巨大的方柱支撑。拱券的颜色也与外墙的颜色相一致。

相比于巴洛克建筑曲线动态的立面和烦琐堆砌的内部装饰，在拱券上变得不再突出了，也不那么夺人眼球了。相比于之前建筑风格中的大量拱券，巴洛克建筑的拱券不再被大量地运用，更多的则是用于窗户、门及廊的造型，也被运用于室外和室内拱顶结构，装饰性大大减弱。

装饰构件

装饰构件：绘画，雕刻，色彩，贵重材料

巴洛克建筑喜好富丽的装饰和雕刻、强烈的色彩，大量使用贵重材料，充满装饰。原来界限极为分明的建筑艺术、雕塑、绘画等技艺在巴洛克建筑中被完美地相互融合到一起。

在室内，追求豪华的装饰，起伏与动势的形态，具有华美厚重的效果。大量装饰着壁画雕刻，到处是大理石、铜、黄金、金箔、宝石、象牙等，一派富丽堂皇、炫耀财富的气势，即使已经到了烦琐堆砌的地步，也要刻意追求。这种极端戏剧化的形式使人产生许多幻想。最为常见的就是建筑艺术和绘画在彩绘的天花上的结合。天顶画在向下与墙面的交汇处，往往又是与雕塑等结合的好地方，画中的人物或倚在由雕塑构成的栏杆上或伸出一只手脚。支柱更是雕塑与建筑互换的理想之处，如把壁柱做成健壮力士模样，让其用肩担负上面的重量。墙面装饰多以展示精美的壁画和壁毯为主，以及镶有镜面或大理石，线脚重叠的贵重木材镶边板装饰墙面等。

RI
VIRGIN

COPIA ET SALVBRITATE COMMENDATA
CVLTV MAGNIFICO ORNAVIT
ANNO DOMINI MDCCXXXV·PONTIF·VI·
BENEDICTVS XIV

IVSSV CLEMENTIS·XIII·PONT·MAX·OPVS

IVSSV

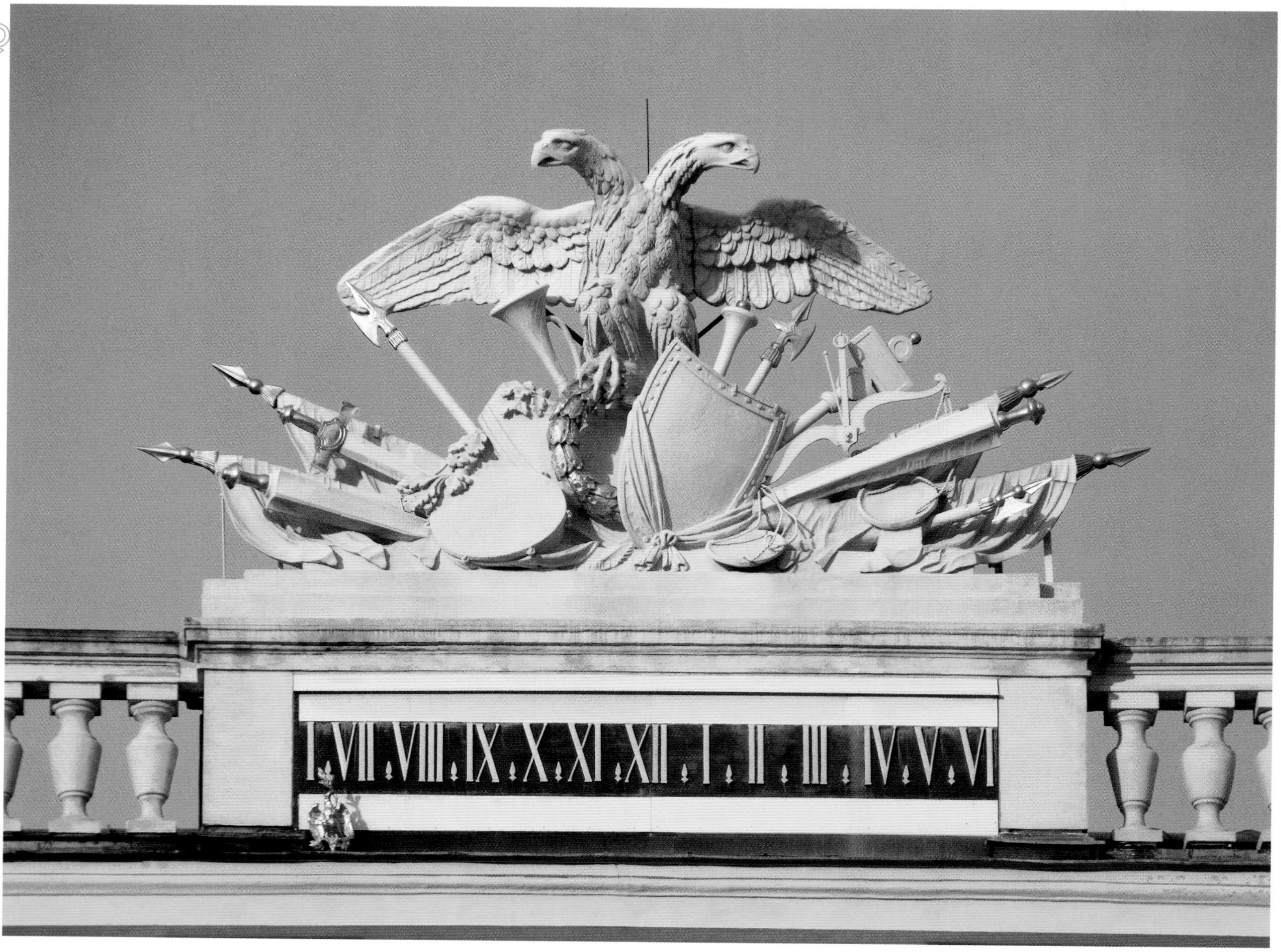
VII VIII IX X XI XII I II III IV V VI

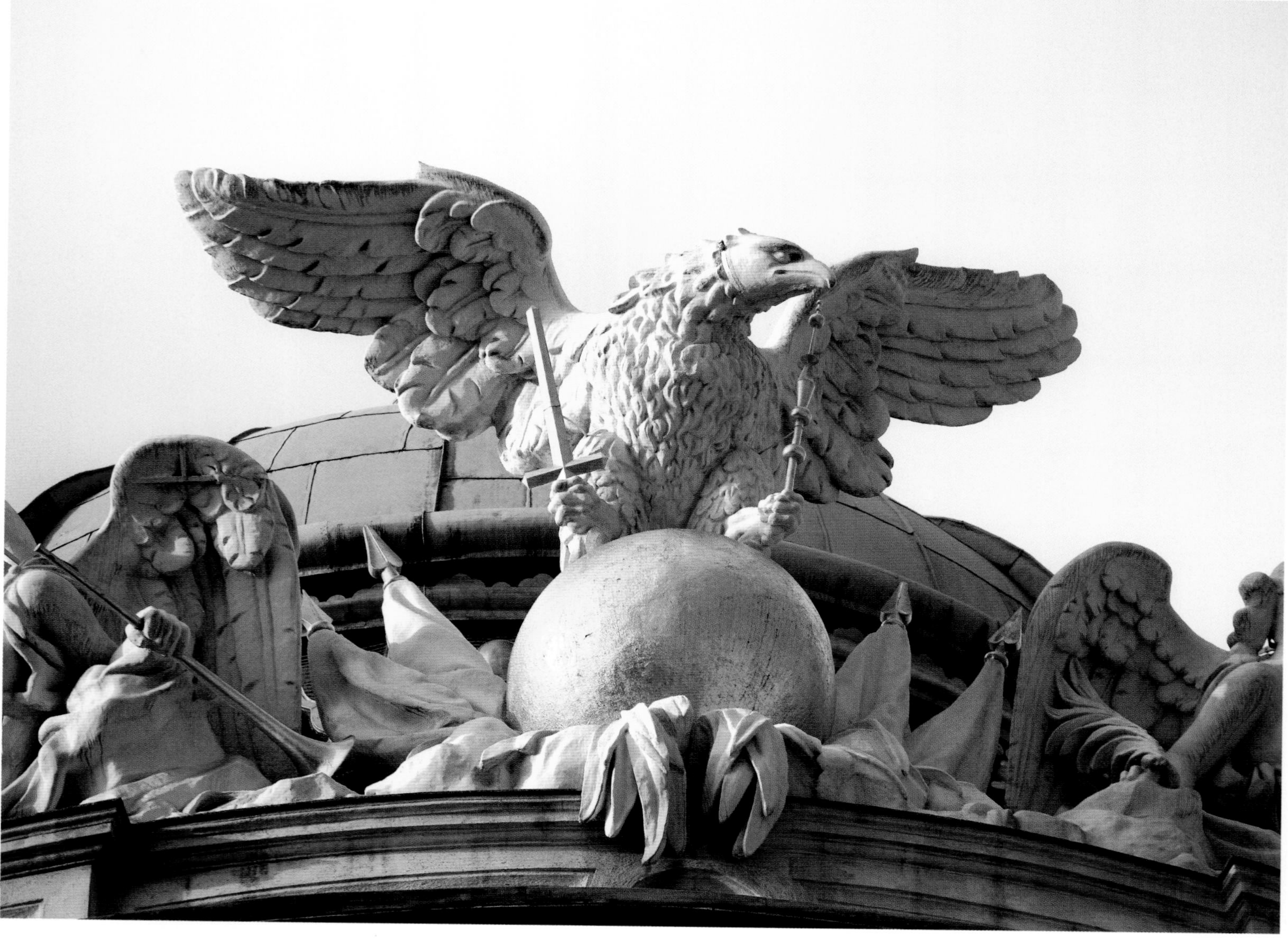

CLEMENS XII · PONT · MAX ·
AQVAM VIRGINEM
COPIA ET SALVBRITATE COMMENDATAM
CVLTV MAGNIFICO ORNAVIT
ANNO DOMINI MDCCXXXV · PONTIF · VI ·
PERFECI BENEDICTVS XIV PON · MAX

0 1 2 3 4 5 6 7 8 9 10米

20

76

室内空间

室内空间：椭圆形空间，整体感

巴洛克建筑特点是外形自由，追求动态，喜好富丽的装饰和雕刻、强烈的色彩，常用穿插的曲面和椭圆形空间。巴洛克教堂由于规模小，不宜采用拉丁十字形平面，因此多改为圆形、椭圆形、梅花形、圆瓣十字形等单一空间的殿堂。巴洛克建筑，尤其是教堂的内部空间不仅给人以很强的整体感，而且其墙面的回声功能还能满足音乐交混回响的时间要求。适量的光照（光线主要从穹顶射入）被有意识地引导到适当的地方，使某些细节如人物雕像等能在较暗的教堂内部凸显出来。无论你站在何处，都有一览无余的感觉，从而达到剧场的整体效果。

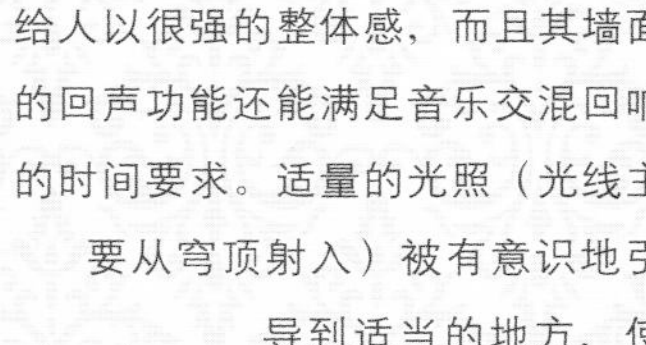

PORTA SANTA

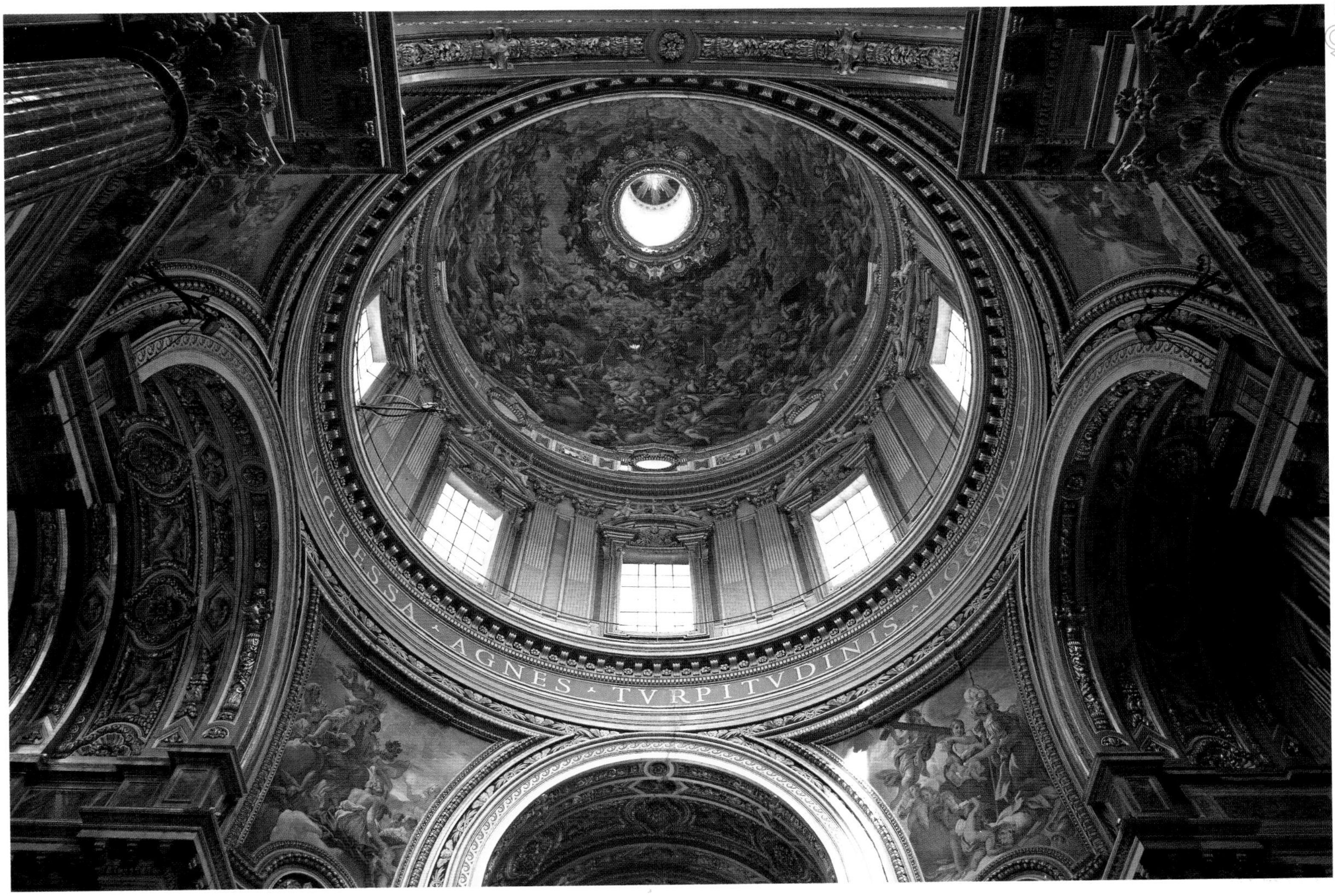
INGRESSA · AGNES · TVRPITVDINIS

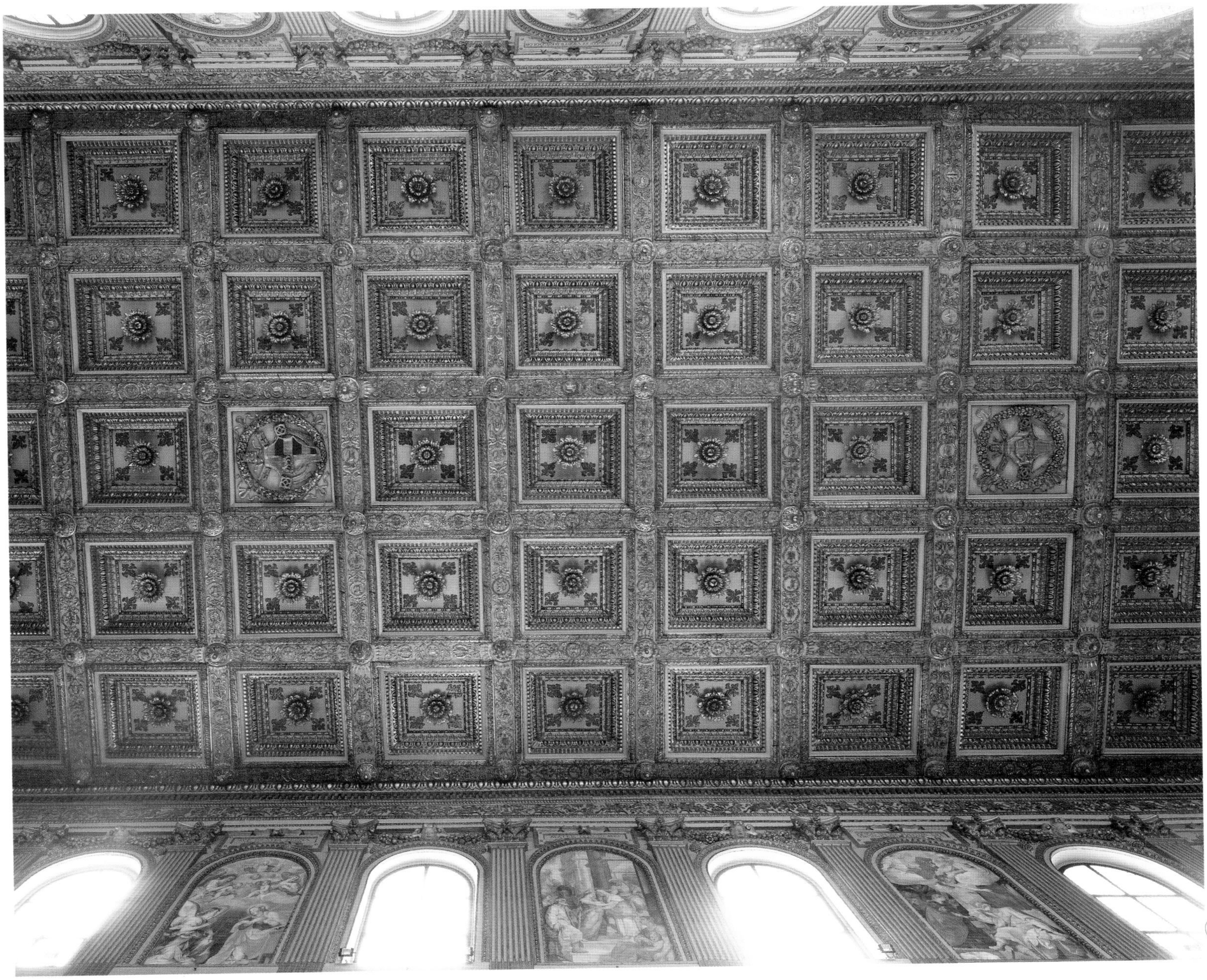